U0268362

教育部人文社会科学青年基金项目"信息嵌入视角下环境政策对家庭农场耕地生态 保护行为的干预效果及影响机制"（项目编号：23YJC790160）

山西省高等学校哲学社会科学研究项目"数字经济视域下山西省城市'碳诅咒'效应的发生机制与规避路径研究"（项目编号：W20231037）

山西省哲学社会科学规划课题"黄河流域水生态保护背景下山西水资源税政策的微观机制与效应评估"（项目编号：2023YJ091）

农户农业节水行为驱动机制及引导政策研究

——以黄河流域河套灌区为例

RESEARCH ON DRIVING MECHANISM AND GUIDE POLICY OF
FARMERS' AGRICULTURAL WATER SAVING BEHAVIOR:
EMPIRICAL RESULTS FROM HETAO IRRIGATION DISTRICT OF
YELLOW RIVER BASIN

邢 霞◎著

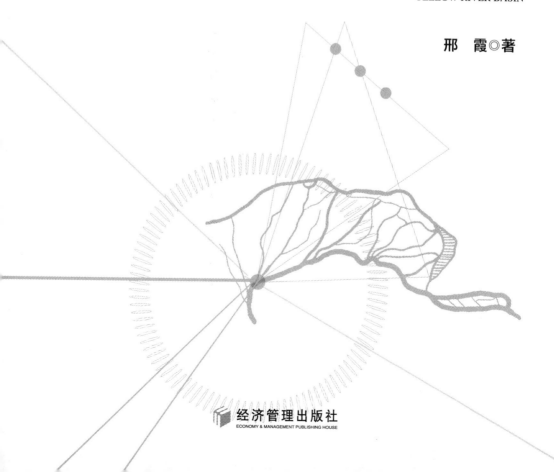

经济管理出版社
ECONOMY & MANAGEMENT PUBLISHING HOUSE

图书在版编目（CIP）数据

农户农业节水行为驱动机制及引导政策研究：以黄河流域河套灌区为例/邢霞著 . —北京：经济管理出版社，2024.1

ISBN 978-7-5096-9605-7

Ⅰ.①农… Ⅱ.①邢… Ⅲ.①河套—灌区—农田灌溉—节约用水—研究—内蒙古 Ⅳ.①S275

中国国家版本馆 CIP 数据核字（2024）第 041003 号

组稿编辑：郭 飞
责任编辑：郭 飞
责任印制：黄章平
责任校对：陈 颖

出版发行：经济管理出版社
　　　　　（北京市海淀区北蜂窝 8 号中雅大厦 A 座 11 层　100038）
网　　　址：www.E-mp.com.cn
电　　　话：（010）51915602
印　　　刷：唐山昊达印刷有限公司
经　　　销：新华书店
开　　　本：720mm×1000mm/16
印　　　张：13
字　　　数：241 千字
版　　　次：2024 年 4 月第 1 版　2024 年 4 月第 1 次印刷
书　　　号：ISBN 978-7-5096-9605-7
定　　　价：88.00 元

前　言

　　水资源供需矛盾是限制我国农业可持续发展和粮食安全的主要障碍，倡导农业节水是缓解农业用水矛盾的有效手段。农户作为农业用水主体，其用水行为直接影响着农业水资源的利用效率以及节水农业的发展。但作为有限理性个体，农户的传统农业实践根植于实现自身效用最大化而非环境伦理，在农业生产过程中难免会出现低效和不合理的用水情况。因此，充分重视微观层面的农业用水行为，探究节水行为影响机制，引导农户自觉主动参与农业节水，对于减少水资源消耗、提高用水效率以及促进水资源可持续利用具有重要现实意义。

　　鉴于农业用水主体行为对实现农业节水的重要意义，本书聚焦于农户农业节水行为的内部和外部影响因素，以制度经济学、行为经济学、农业经济学、计量经济学等相关理论与方法为基础，以黄河流域河套灌区为研究区域，旨在挖掘农户内部心理因素和外部情境因素对农业节水行为的作用机制，为水资源管理以及制定相关的节水政策提供研究经验与理论参考依据，以期提升农户的节水积极性，改变粗放灌溉方式，进而有效缓解农业水资源供需矛盾，促进水资源可持续利用。本书主要内容和研究结论如下：

　　第一，从理论角度对农户农业节水行为特征和农业节水行为影响因素展开分析，并以此为基础构建理论模型。首先，基于对农户环境行为内涵和外延的分析，界定农户农业节水行为的概念，并根据农业节水行为表现形式和行为发生动机将农业节水行为划分为习惯型、技术型、社交型和公民型四类。其次，借助计划行为理论、价值—信念—规范理论、负责任的环境行为理论和社会影响理论构建农户农业节水行为理论模型，即农户农业节水行为的实施取决于其农业节水意愿，而意愿的产生则取决于农户心理因素，同时农户行为还受到外界情境因素的引导。最后，基于外部性理论，探讨农户农业节水行为外部性，并在此基础上利用经济学分析探讨农户农业节水行为政策干预的必要性，为后续政策引导研究提供理论依据。

第二，依托所构建的农户农业节水行为理论模型，通过阐述变量因素间的关系路径，提出相关研究假设，着重分析、探讨农户心理因素对农业节水行为的驱动效应。首先，采用结构方程模型验证心理因素对农业节水行为意愿、农业节水行为以及农业节水行为意愿对农业节水行为的直接效应。实证结果表明，农户心理因素能够显著地直接影响农户农业节水行为意愿和行为，农业节水行为意愿也是影响农业节水行为的关键因素。其次，利用 Amos23 软件 Bootstrap 法，验证农户农业节水行为意愿在心理因素和农业节水行为中的中介效应。研究表明，农业节水行为意愿在心理因素对农业节水行为的影响中存在中介效应作用，对于不同类型的农业节水行为，农业节水行为意愿的中介效应存在差异。最后，考虑到心理因素可能对农业节水行为存在非线性的系统性特征以及农业节水行为本身所具有的复杂性，采用 RBF 神经网络进一步探讨心理因素对农业节水行为的预测效应。分析表明，心理因素能够有效地对农户是否参与农业节水进行预测判别，同时不同心理因素对不同类型农业节水行为的相对重要性排序存在差异。

第三，基于负责任的环境行为理论，引入外部情境因素，重点分析和探讨外部情境因素对农户农业节水行为的影响机理。首先，农业节水行为意愿——行为差异分析表明，在农业节水过程中存在意愿与行为的背离，即意愿不一定能有效地转换为可实现水资源保护目的的实际节水行动，这为研究情境因素的引导效应提供了现实依据。其次，采用分层回归分析，探讨外部情境因素对农业节水行为意愿作用于农业节水行为的调节效应。研究发现，外部情境因素对农业节水行为意愿作用于节水行为的路径有调节作用，但不同外部情境变量对节水行为意愿与行为之间关系的调节作用存在差异。进一步使用 Process 插件程序中的 Model14 对心理因素、农业节水行为意愿、外部情境因素以及农业节水行为之间存在的有调节的中介效应进行检验，研究结论表明，政策因素在"心理因素—农业节水行为意愿—农业节水行为"的中介路径中存在调节作用。

本书主要创新之处体现在：第一，基于农户农业节水行为动机和节水行为表现形式，从多视角开展对农户节水行为的研究，更为细致地刻画并衡量农户节水行为，从实践上扩展了农业节水行为研究内容，从理论上进一步完善和丰富了农户亲环境行为研究领域；第二，构建了以农户农业节水行为为导向，心理因素为影响变量，外部情境因素为调节变量的农户农业节水行为理论模型，并探析心理因素和外部情境因素对不同类型农业节水行为的影响机理。

目　录

第1章 绪论

1.1 研究背景

  水是生命的源泉，是农业生产的关键要素，水资源可持续利用是落实农业安全目标的基础条件[1]。随着工业化、城镇化步伐的不断加快，以及供水总量的限制，黄河流域水资源短缺程度加剧，水资源供需矛盾日趋严重。农业灌溉是我国最大的农业用水主体，却长期面临着用水效率低下的问题，浪费现象严重[2-3]，有效实现农业节水已成为优化我国用水结构、缓解水资源矛盾的决定性举措。2019年，习近平总书记将黄河流域生态保护和高质量发展纳入国家重大战略，并明确提出量水而行、节水为重，大力发展节水产业和技术，推动用水方式由粗放向节约集约转变。同年，国家发展改革委和水利部联合印发了《国家节水行动方案》，提出要高度认识节水的重要性，大力推进农业、工业等领域节水，提高水资源利用效率，形成全社会节水的良好风尚，以水资源的可持续利用支撑经济社会持续健康发展[4]。农户是农业生产的主体，是农业用水的主力军，也是灌溉活动的最终实现者，农业节水的根源在于农户的生产用水行为。因此，发挥农户主体性作用，引导农户自觉主动实施农业节水行为，是解决农业水资源问题的基本思路。

1.1.1 水资源供需矛盾凸显农业节水必要性

  作为中华民族的母亲河，黄河是维系中国社会和谐发展与经济持续稳定发展的重要基础资源。中国约有15%的农业灌溉面积和12%的人口供水依赖黄河。但该流域长期平均降水量（460毫米/年）远低于全球平均值（950毫米/年），长期平均潜在蒸发量（1690毫米/年）显著高于全球平均值（1150毫米/年），使得地区人均径流量仅为世界平均水平的1/9[5]，人均水资源量（530立方米）约为缺水地区人均标准（1000立方米）的一半，为全国平均水平的1/5[6]。近年来，随着经济的快速发展和生活水平的提高，生活、工业、环境生态水资源需求量日益增加，水资源供需矛盾日趋严重。水资源危机已成为该流域面临的重大挑战之一。

2004~2018年黄河流域农业用水总量呈现波动式变化，作为首位用水大户，其多年平均用水总量稳定在832亿立方米（见图1-1），在流域水资源利用总量中的比重一直维持在65%以上。然而总用水量受制于水资源开发供给量的限制逐渐趋于稳定。因此，不同产业主体之间的用水竞争与矛盾带来农业用水总量受限，用水压力与日俱增[7]。农业水资源压力负荷已成为该流域经济社会可持续发展的主要瓶颈[8]，保障农业用水安全也成为实现该流域永续发展的战略问题。在水资源管理制度下，协调水资源配置，减少农业用水量是推动这一问题解决的重要途径。

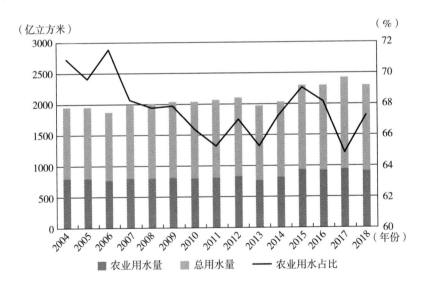

图1-1　2004~2018年黄河流域农业用水量变化情况

黄河流域农业用水压力严峻，但用水效率低下。2018 年，农田灌溉水有效利用系数为 0.553，虽然已超过了 2011 年中央一号文件明确规定的 0.55 的标准[9]，但与发达国家的 0.7~0.8 相比尚有较大差距[10-11]。以 2018 年为例，农业灌溉用水量约为 556.98 亿立方米，0.553 的农田灌溉水有效利用系数意味着仅有 308.01 亿立方米被有效利用，未被利用的水量（248.97 亿立方米）相当于同年工业用水总量的 1.33 倍，生活用水量的 1.34 倍。如果农田灌溉水有效利用系数提高到发达国家最低水平，将节省 167.10 亿立方米的水，相当于同年环境生态水资源用水量的 2.05 倍。数据分析表明，黄河流域农业灌溉过程中面临着严峻的水资源短缺压力，但同时也存在较大的节水潜力。研究该流域农业节水问题，对保护水资源环境和社会经济良性发展具有重要的现实意义。

1.1.2 粮食安全隐现催生农业节水迫切性

贯彻落实"藏粮于技""藏粮于地"的政策要求是新时代发展下亟须关注的重要问题。水资源安全是保障粮食供给安全的基础，粮食安全与水资源安全互为促进、相互影响。2019 年黄河流域粮食总产量为 2.3 亿吨，占全国粮食总产量（2019 年为 6.6 亿吨）的 35%（见图 1-2）。从历年生产情况来看，2004~2019 年黄河流域粮食产量总体呈上升趋势。2019 年黄河流域常住总人口达到 4.2 亿人，人均粮食产量为 555.66 公斤，低于同期发达国家水平。未来随着人口数量的持续增加，粮食需求也将持续增加。农业水资源是粮食生产的基础性资源，尽管粮食需求持续扩大，黄河流域历年农业用水量却呈波动中稳步下降的态势（见图 1-1）。据粗略估计，在其他粮食生产基础条件不变的前提下，以及 2019 年黄河流域现有的农业用水效率和农业供水强度下，到 2030 年黄河流域农业缺水量将达到 174.1 亿~409.4 亿立方米，不能满足未来粮食持续增长的用水需求[12]。未来水资源短缺必将成为该区域农业生产乃至国家粮食供给安全的瓶颈之一[13]。

1.1.3 生态文明建设反映推进农业节水必然性

自改革开放以来，我国经济发展取得了举世瞩目的成就，与此同时粗放型的增长模式也给水生态环境带来沉重的压力，不仅制约了我国产业结构的升级转型，还导致水环境污染、水生态危机日益凸显。人与水的关系面临前所未有的挑战。"水生态文明"观念在人们开始重新认识人与水资源关系的过程以及对水资源可持续利用的期望中应运而生。节约用水是推进水生态文明建设的重要支撑和

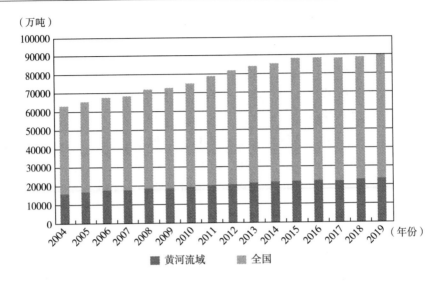

图1-2　2004~2019年黄河流域粮食总产量与全国粮食总产量情况

基础保障。发达国家经验表明，节水是经济社会发展到高级阶段的必然选择，是支撑生态文明建设和高质量发展的重要环节，是促进经济社会发展与资源、环境相协调的核心要素。作为用水大户，农业节水是水生态文明建设的关键。自2010年以来，黄河流域9省份水生态文明建设水平得到持续提高[14]，但流域实现水生态文明建设仍任重而道远。2020年，国家相关部委将黄河流域作为"三区四带"重要生态系统统筹推进。未来，该流域应紧紧抓住战略机遇，在发展地区经济的同时，积极探索以农业节水为重、绿色发展为导向的可持续农业发展路线。

1.1.4　农业用水行为对农业节水的重要性

规范农户用水行为是落实农业节水实践的微观着力点。当前我国农业生产仍以小规模、分散经营的形式为主，小农户普遍存在，而且可能在相当长时期内该局面难以发生根本性改变。可见，在更好地开展农业节水活动、管控农业用水问题时，必须从农户角度出发。从公共经济学的视角来看，农业节水属于典型的具有正外部性的公共活动，实现农业节水的过程需要农户的广泛参与。近年来，黄河流域地方政府在农村大力兴修水利工程和建设节水设施，使农户获得了可观的收入。农户在享受到好政策的同时追求"个人效用最大化"，引水灌溉期望获得更好的收成，进而出现无序争夺水资源、过度灌溉等问题，严重阻碍了农业节水措施的推广[15]，导致节水成效有限。2019 年，黄河流域生态保护和高质量发展战略的提出开辟了促进人水和谐的新境界，为可持续发展背景下节约用水提供了良好的制度条件和强有力的行动指南。在该战略指导思想下，结合黄河流域农业用水矛盾、粮食安全战略问题以及生态文明建设持续推进的现实背景，研究并遵循农户农业用水行为特征规律，辨识农户用水行为主要影响因素，积极引导、规范农户农业生产用水行为，是实现区域经济、社会和生态效益统一协调发展的关键。

1.2　问题提出

近年来，为了应对日益增长的农业用水需求，缓解水资源短缺约束，黄河流域各级政府不断完善水资源管理制度，加大农田水利建设力度，取得了一定的节水成就，但节水效果有限。原因可能在于现行农业节水制度忽视了农户作为主要农业用水主体的现实基础。环境问题归根结底是人的行为问题，改变人的行为也是减少环境问题的有效方法。从世界范围来看，各国水资源管理理念正在由供水管理向需水管理转变[16]。与供水管理不同，需水管理是从需水方出发，目标是影响需水方的用水行为，通过微观个体节水实现减少水资源消耗。因此，农业节水问题的根源在于改变农户的用水观念，调整农户的用水行为，否则即便是农业节水技术不断进步与发展，由此带来的用水效率的提高往往也会被技术推广不足和其他不正确的用水行为所取代。同时，也只有当农户重视节水的意义，主动参与农业节水，才能打通参与式管理的"最后一公里"，真正提升农业用水效率。

然而，农民的环境行为是复杂的，改变农户的用水行为，需要了解农户用水行为特征，掌握节水行为动机和行为规律，并制定行之有效的农业节水激励与规范体系。具体来看，应解决两个问题：第一，厘清农户农业节水行为深层次心理归因以及这些心理因素对节水行为的作用机制；第二，个体行为改变通常比较困难，那么政府应通过哪些干预策略引导农户的农业节水行为以及分析这些干预策略是通过哪些路径改变农户用水行为的。通过对上述两个问题的深入探索和解析，可进一步深化心理因素和外部情境因素与个体环境行为关系的认识，丰富和拓展环境行为的相关研究和理论；同时，也可为制定引导实施农业节水行为的有效干预策略提供新的思路和理论支持。

1.3 文献综述

1.3.1 农业节水行为模式研究

农业节水行为模式主要包括工程节水、农业灌溉技术的采纳、农作物产业结构布局、农业用水监管等。针对工程节水，赵令等指出毛节水量（工程节水）措施可通过降低无效蒸发和无效流失，提高输水效率，减少取水量，进而提高农业灌溉水利用效率[17]。针对农业节水技术，徐涛等以甘肃省石羊河下游民勤县为例，测算了农业节水灌溉技术采用效益，结果显示，未来10年，民勤县实施节水灌溉技术的社会生态效益总量为3.946亿元，单位播种面积的节水效益总量为7674元/公顷[18]。针对农作物产业结构布局，曹俊杰和吴佩林研究发现由于不同农作物的水分利用率存在较大差异，种植结构的变化必然会影响农业水资源的消耗情况，建议减少耗水作物种植面积，增加节水作物的种植面积，以达到减少农业用水的目的[19]。王玉宝等采用1949~2006年的农业用水资料，分析得出农业结构调整的节水绩效高达199.94亿立方米[20]。张刘雁基于对湖南省茶陵县的农业结构的考察分析，认为该地区水资源利用结构不合理，建议增加设施蔬菜种植面积，挖掘节水潜力[21]。王秀鹃和胡继连通过测算全国农作物布局与水资源禀赋的配比关系，提出把高耗水农作物配置在水资源丰富的地区，则能够有条件地节约灌溉用水[22]。张喜英研究发现通过生育期节水灌溉，如最小灌溉、关键期灌溉，可大幅度降低灌水量和作物生育期耗水量，同时又能维持一定的生产能力[23]。Valizadeh等构建了更为详细的农户农业节水行为框架，具体包括夜间灌溉、自行修复破旧灌水渠、采用新型节水灌溉技术、灌溉过程永久监测、种植抗旱作物、雨期不灌溉等[24]。

1.3.2 农业节水行为影响因素研究

农业是保障世界粮食安全的基本单位，也是经济活动中用水量最大的部门。在农业方面，大力推进农业节水被认为是解决水资源短缺的最重要途径。分析农户农业节水行为影响因素以及这些因素对农户行为的影响程度和影响形式，可以增强政策制定的针对性和有效性，从而有效地保障国家粮食安全和水资源生态安全。目前关于农业节水文章大多聚焦于农业节水技术采纳、农业水价改革、水权市场建立、农作种植结构调整等[25-28]，相关文献繁芜且丛杂，但关于农业节水行为影响因素的探索相对较少。考虑到农业节水行为类似于居民节水行为并属于亲环境行为的范畴，因此可借鉴居民节水行为和亲环境行为相关领域的研究成果。

学术界对环境行为的研究始于 20 世纪 70 年代。梳理相关文献可以发现，关于环境行为的影响因素可以概括为三大类：第一，心理认知变量，包括规范、环境信念、价值观、感知到的行为、责任感等；第二，情境因素变量，包括宣传、法律法规、经济支持、科技和便捷性等；第三，社会结构变量，包括经济资源、文化、社会地位、年龄和性别等。借鉴已有研究成果，本节将农业节水行为的影响因素分为三大类：心理层面因素、外部情境因素和社会人口学因素。

1.3.2.1　心理层面因素

（1）环境价值观。

环境价值观是个体对环境及其相关问题心理层面所感知的价值[29]，是个体最基本最重要的心理特征。环境价值观作为影响亲环境行为的重要解释因素，已得到了国内外学者的广泛认可。如 Stern 在其经典的"环境—信念—规范"理论中，把环境价值观分为利己价值观、利他价值观和生态价值观三个维度，利己价值观以个人利益为中心，认为环境问题影响的是个人利益；利他价值观以他人利益为核心，认为环境问题会影响他人和长远利益，强调要通过自身的亲环境行为为社会或他人带来积极影响；而生态价值观则以生态利益为核心，认为自然环境本身具有价值，人类应该保护自然环境并关注自然环境的价值。不同价值观对亲环境行为的影响不同，普遍认为利他价值观和生态价值观对亲环境行为有直接正向的影响，而利己价值观对亲环境行为有直接负向的影响[30]。但也有研究认为价值观对行为没有显著的直接作用或直接作用较弱，而是需要通过其他因素（如感知行为效能、态度、信念或个人规范）的中介作用间接对行为产生影响[31]。

（2）环境责任感。

环境责任感是指个体对自己在所处社会中所承担的责任的主观认知，是一种自觉、主动地承担道德义务并做好一切有益事情的精神状态[32]。环境责任感是责任感的子范畴。根据"价值—信念—规范"理论，环境责任感是指个体对自身采取措施解决具体环境问题或防止环境质量恶化的责任意识。国内外关于环境责任感对亲环境行为影响的研究早已有之，并将环境责任感看作解释环境行为的基因。如史海霞等通过问卷调查和结构方程模型，剖析大学生 PM2.5 减排行为的影响机制，研究发现学校通过增强大学生的环境责任感可激发其减排意愿[33]。杨贤传和张磊基于有限道德假设和有限自利假设，通过构建目标框架理论模型试图解释媒体说服与绿色购买行为关系机制，发现媒体说服可通过激活环境责任感知进而促进居民绿色购买行为[34]。但也有学者认为，环境责任感和环境行为之间的作用关系是间接的途径。如史海霞和孙壮珍在研究川渝地区城市居民个人层面的 PM2.5 减排行为影响因素时发现，环境责任感会正向影响其道德规范，而道德规范会正向影响其 PM2.5 减排行为意愿[35]。

（3）水资源稀缺性感知。

关于稀缺性感知对农户行为的定量研究较少。资源稀缺性感知是农户基于主观视角对资源存量状况的心理感知和判断。已有研究表明，农户作为农业用水的主体，其水资源感知水平决定着灌溉用水效率[36]。此外，还有少数学者对水资源稀缺性感知和农户行为进行了研究。如陈英等研究发现，农户对水资源稀缺的感知是影响其对水资源管理政策态度的相对重要因素之一[37]。赵雪雁和薛冰以石羊河中下游农户调查数据为例，分析了农户对水资源紧缺的感知及适应策略，研究发现水资源紧缺严重性感知与适应策略多样化指数呈显著正相关[38]。王昕等利用华北井灌区微观调研数据实证分析了水资源稀缺性感知对农户灌溉适应性行为选择的影响，研究结果表明水量稀缺性认知、水位下降认知均对农户灌溉适应性行为选择呈正向影响[39]。王昕和陆迁将水资源稀缺性感知划分为水量短缺认知、水位下降认知、风险认知、机井使用感受和灌溉感受五个维度，并分析了其对农户地下水利用效率的影响，研究发现稀缺性感知对地下水利用效率有直接或间接影响[40]。刘维哲和王西琴在用随机前沿模型对农户灌溉用水效率进行测算的基础上，通过进一步的实证研究发现水量感知、水位感知和稀缺预期对农户用水效率具有显著正向影响[41]。

（4）主观规范。

根据计划行为理论，主观规范是个体对于是否采取某项特定行为所感受到的来自他人、群体或社会的压力。在环境行为研究领域，学者们普遍认为主观规范可以有效促使其行为的发生。如 Chin 研究发现消费者的主观规范越强，其购买绿色护肤品的意愿越强[42]。石世英和胡鸣明在考察无废城市背景下项目经理垃圾分类决策行为意向影响因素研究时发现，主观规范对垃圾分类意向具有正向影响[43]。刘丽等基于 TPB 框架研究农户水土保持耕作技术采用意愿时发现，主观规范对农户水土保持耕作技术的采用意愿有显著的正向影响[44]。谢凯宁等基于河北、甘肃、陕西三省实地调研数据的实证分析表明主观规范显著影响农村居民生活垃圾集中处理支付意愿[45]。廖芬等以 961 个消费者的调查数据为例，对比分析了计划行为理论因素对消费者食物浪费行为的影响，结果发现环境态度、主观规范、个人规范和知觉行为控制均显著正向影响消费者减少食物浪费意愿，其中环境态度对意愿的影响程度最大，个人规范对意愿的影响程度最小[46]。

（5）自我效能。

自我效能是个体对采取保护措施或行动的能力的判断[47]。自我效能认知是个体对自我行为能力的认知与评价[48]，即个体对自身能否实施亲环境行为的感知。已有研究表明，自我效能认知能显著促进决策个体的亲环境行为[49]。如李红莉等基于湖北省"十县百组千户"的调查数据发现，自我效能认知能通过影响情感态度、问题应对策略进而促进农户采取适应性耕作行为[50]。赵雪雁和薛冰在研究干旱区内陆河流域农户对水资源紧缺的感知及适应性时发现，自我效能感知会促进农户对适应策略的多样化选择[38]。

此外，诸多学者还将政策认知因素和环境认知因素纳入农户亲环境行为研究中。现有研究普遍认为政策认知因素和环境认知因素与农户亲环境行为决策呈正相关关系。如余威震等研究发现，对农村生态环境政策越了解的农户，其亲环境行为采纳的可能性越大[51]。Aprile 和 Fiorillo 基于"价值—信念—规范"理论，采用多元回归方程，得出节水知识对居民家庭节水行为有显著影响[52]。陈柱康等研究发现，环境认知因素对农户农业清洁生产技术采纳意愿有显著的正向影响，环境认知越充分，采纳相关技术的倾向也就越大[53]。何悦和漆雁斌研究发现，对"三品"农产品越熟悉的农户，更了解化肥过量使用的危害，更愿意采纳测土配方施肥技术[54]。但同时也有学者否认上述观点，认为农户对环境认知的程度与其亲环境行为实施没有显著关系[55-56]。

1.3.2.2　外部情境因素

外部情境因素变量是指那些对个体认知、心理、态度和行为存在重要影响的外界因素[57]，主要包括外部政策情境因素以及角色影响（如邻里示范效应）、价格、地貌类型等。

邻里示范效应是指作为农业生产活动的主体，农户个体的行为极易受到周边人的影响，并发生相应的改变[58-59]。针对邻里示范效应对亲环境行为的影响，费红梅等在研究农户对新技术采纳时发现大多农户持观望态度，在周围邻居或附近存在有人带头实施新技术时，农户才会使用新技术；如若周边无人示范，农户实施新技术则会考虑诸多因素，并呈现低采纳行为意愿[60]。李明月等基于湖北省 1116 份农户调研数据发现，邻里效应对农户绿色生产技术采纳行为表现为正向影响[61]。廖俊和漆雁斌也得到了类似的结论[62]。但张红丽等研究发现周围农户影响程度对农户行为影响并未通过显著性检验，他们给出的解释是施用有机肥的样本农户占比较小，因此未形成较好的示范效应[63]。

水价长期偏低是农业用水效率低、浪费严重的主要诱因之一[64-65]。相关研究表明，提高水价对节水行为有显著的影响。如 Zhang 和 Brown、唐要家和李增喜、林丽梅等的研究表明水价是影响居民节水行为的主要经济因素[66-68]。Caswell 和 Ziberman、王金霞等、于法稳等的研究表明水价对农户选择农业节水灌溉技术有显著的影响，从长期来看，水价的提高激励了节水灌溉技术的采用[69-71]。然而，也有部分研究认为水价并不是影响农业灌溉技术采用的主要因素[72]。

社会规范对农户行为的影响已形成普遍共识。已有研究表明，作为外部因素的"第三种力量"——社会规范是影响农户行为的关键要素之一。如徐立峰等基于全国 8 个省 1484 个生猪养殖者的调查数据发现，社会规范显著正向影响小规模生猪养殖者的亲环境行为[73]。Coent 等研究发现，社会规范会促进农民自愿为环境公益做贡献[74]。

除上述外部情境因素外，影响农户亲环境行为的外部情境因素还包括气候、地貌类型、社区区位、农产品价格预期以及成本收益等[75-78]。

1.3.2.3 社会结构因素

社会人口因素一直以来都被学者视为亲环境行为的重要预测因素[79-81]。如 Clark 和 Finley 基于计划行为理论，实证研究发现人口学特征对节水行为意愿存在影响作用[82]。Shaufique 等研究发现，居民对回收点的回收行为是年龄、教育、收入、家庭规模等结构因素共同作用的结果[83]。Dolnicar 等构建了居民节水行为概念模型，利用多元回归分析发现居民节水行为受个体特征因素的影响[84]。Han 等基于对荷兰埃因霍温地区居民的研究发现，节能行为会受到社会人口学变量的影响[85]。本书从农户个体特征和家庭特征两大类分别探讨社会结构变量对农户农业节水行为的影响。

（1）个体特征变量。

在对环境行为影响因素的研究中，很多学者分析并证实了个体年龄与其行为实施之间的作用，但尚未达成一致结论。Thangata 和 Alavalapati、杨雪涛等的研究表明年龄和亲环境行为呈负相关，随着农户年龄的增加，实施亲环境行为的可能性便会降低[86-87]。张童朝等认为年龄对绿色农业技术采纳的影响效应呈倒"U"形态势，"中年农民"成为现阶段绿色农业技术扩散的积极力量[88]。但也有些研究者认为年龄与农户的亲环境技术行为选择不存在任何关联，如 Meyinsse 等、张星和颜廷武[89-90]。

关于性别与环境行为的关系，已有研究尚未达成一致结论。多数研究均认同性别导致了亲环境行为的异质性[91]。一般研究认为，相对于男性而言，女性对环境问题的关心水平更高，因此会更多地参与亲环境行为[92]，其原因是女性比男性更关注环保问题，女性拥有更高水平的利他主义价值和环境价值[93-94]。然而，有研究发现，性别对亲环境行为的影响依情景的不同而存在差异。在亲环境技术采纳行为上，相较于女性，男性表现更积极[95-96]，可能的原因是男性的风险意识较女性强，对新事物的接受能力较强，更易于实施相对复杂的亲环境技术[97]。从行为领域来看，女性在私人领域更加积极地参与亲环境行为，男性则在公共领域更为突出[98]。这可能与"男主外、女主内"的传统性别规范相契合，即性别化的分工将女性与私人领域捆绑在一起，而男性是在公共领域有更多的选择和行动空间[99]。针对居民生活用水行为，赵卫华基于北京市城市居民生活用水入户调查数据发现，性别对家庭总用水量和人均用水量均存在显著影响[100]。

受教育程度是影响亲环境行为的关键因素之一。行为领域的研究普遍认为，受教育程度的提高有助于增强农户对新知识和新技术的接受、消化和吸收能力，同时对亲环境行为福利效应的认知也越强，从而可以有效促使其亲环境行为的发生。如朱清海和雷云利用湖北省 L 县农户调查数据实证分析发现，农户的文化程度对农户秸秆处置亲环境行为有显著的正向影响[101]。黄蕊等基于半干旱区宁夏盐池县 213 份居民调研数据发现，受教育年限对居民亲环境行为有显著正向影响，即受教育程度越高，环境行为越友好[102]。Bradford 和 Joachim 认为受教育程度对节能技术和节能行为实施有重要影响，高水平受教育程度也导致较高水平的实施倾向[103]。但也有学者通过实证分析发现受教育程度对亲环境处理行为无显著影响[104]。

村干部是党中央政策、方针及路线在广大农村的传递者和执行者，承担着新技术推广和国家政策的宣传和带头作用。因此，一般认为有村干部经历的个体更可能实施亲环境行为。满明俊通过实际调研发现，作为村干部的农户在诸如农作物新品种、栽培管理、节水灌溉、测土配方施肥等多项新技术的采纳概率和程度明显高于一般农户[105]。侯晓康等基于陕西、甘肃、山东、河南4个省份1079户苹果种植户数据，发现户主村干部经历对农户采纳测土配方施肥技术具有显著正向影响[106]。

（2）家庭特征因素。

以往研究对于家庭特征因素的关注点主要集中在家庭种植规模、家庭收入、家庭非农收入占比、农户兼业化程度等方面。

对于家庭种植规模对亲环境行为的影响，目前也没有共识。一般认为家庭种植规模的扩大会有利于耕地建设成本内部化[107]，使农户获得规模经济效益[108]，激励农户提高生产过程中的中长期投资，进而促进其实施亲环境行为。有学者否认了家庭种植规模对亲环境行为的正向效应，认为随着耕地经营规模的扩大，农业生产和销售风险也随之增长，农户对于传统耕作方式的依赖性的增强，会降低农户实施亲环境行为的意愿，即种植规模的扩大对农户的亲环境行为存在负向效应[109-112]。持第三类观点的学者认为农户种植规模与农户亲环境行为实施之间存在稳健的倒"U"形关系[113]。此外，也有部分学者认为家庭种植规模对农户亲环境行为选择没有影响，如 Gong 等、李昊等[114-115]。总体来看，种植规模与农户亲环境行为实施的影响关系并无定论，需要进一步探索分析。

从已有研究的结果来看，农户家庭收入与亲环境行为的关系较为混乱，研究结论呈现若干不同观点。一部分学者认为家庭收入水平越高，意味着家庭经济资本越雄厚，那么农户在农业生产中面临的资金约束也就相对较小，抵御农业产品产量变化和收入波动风险的能力也就越大，因此越可能尝试亲环境行为[116]。另一部分学者认为，家庭收入结构会影响亲环境行为，通常来讲，农业收入比重越大，意味着农户越重视农业生产，也越具有较长远的收益预期，越有可能采纳亲环境行为[117-118]，而非农就业收入比例较高的农户，其务农机会成本较高，对农业生产的依赖性较低，因此对亲环境行为的关注较少[119-120]。但也有学者不同意上述观点，认为农户家庭收入来源以农业为主，意味着经济整体较为贫困，抗风险能力有限，因此亲环境行为参与意愿较低[121]。同理，农户兼业表明农户是非纯农业型农户，兼业化程度越高意味着其农业收入占家庭总收入的比重越低。杨欣和董玥、杨飞等的研究表明，兼业化程度越高，农业环境行为实施的可能性越低[122-123]。

除上述主要的因素外，还有学者分析了其他家庭特征因素和亲环境行为的作用关系，如家庭农业劳动力供给[124]。

1.3.3　农业节水行为引导策略研究

政策是推进农业水资源可持续利用的有效工具。在市场化经济环境下，农户行为逻辑受多元因素影响。政策作为影响行为的关键要素，对农户行为具有激励、制约和引导作用。

1.3.3.1　激励型政策对农户行为的影响

在农户行为领域，同激励有关的政策措施主要是补贴。资金通常被认为是一个决定农户是否实施亲环境行为的重要因素。亲环境行为具有正外部性、成本性和风险性，作为"理性人"，小规模农户不能承受或不愿承受，这决定了它在推广过程中需要政府资金扶持。大部分研究都支持政府补贴对农户亲环境行为有显著正向影响[125-126]。曹明德和黄东东研究发现，利用经济手段对亲环境行为主体进行补偿，可以弥补市场失灵所带来的损失，从而实现私人利益与社会利益的均衡，降低对环境的破坏和对资源的掠夺[127]。崔蜜蜜等研究发现，秸秆还田利用补贴对作物秸秆还田利用产生积极的促进作用[128]。但也有部分学者持不同的观点，如王亚杰和陈洪昭研究发现政府补贴政策对农户化肥施用行为影响不显著[129]。比较有意思的是，颜廷武等发现当前的还田补贴措施对农民秸秆还田意愿起负向效应，他们给出的解释是，调研地区的补贴是针对秸秆焚烧的举措，在劳动成本和禁止焚烧政策的约束下，考虑到人工、成本等问题，农民会弃置秸秆[130]。也有一些学者对经济激励的正向效应提出了质疑，他们认为经济激励的确可以鼓励个体实施环境行为，但这种激励效应只是短期的，一旦激励停止，那么相应的环境行为也就不会产生，原因是经济激励并不能使亲环境行为内化成一个可以指引行为的强有力态度，个体实施亲环境行为仅仅是将其视为一种可获得报酬的手段，而非自身态度转化为行为[131-132]。

建立发达的水权交易市场也是促进农业节水行为的一项有效激励措施。作为理性人，只有节水收益大于节水成本时农户才有节水的内在激励。相关研究表明，如果存在一个完善的水权交易市场，农户采用节水行为后节余的水可以出售以获得相应的经济报酬，则存在很强的激励农户采用节水行为的经济动因[133]。正如董小菁等研究所说，水权交易水价更能促使农户选择更为节水的作物[134]。此外，政府激励型政策还有价格支持[135]、税收优惠等[136]。

1.3.3.2 命令控制型政策对农户行为的影响

命令控制型政策也是政府干预行为的一项重要手段。牛亚丽基于对辽宁省484个果蔬农户种植行为的调查，分析发现农作物生产过程监督对农户参与农超对接行为有显著影响[137]。罗峦和周俊杰基于湖南省安仁县600户水稻种植户调研数据研究了政府监管对农户施药行为的影响，并提出政府监管强度是主导农户安全施药行为的主要因素之一[138]。童洪志和刘伟发现监管约束与惩罚对大西南（非平原）和华北平原两类地区农户秸秆还田技术采纳行为都发挥着积极的作用[139]。邹璠和周力利用江苏、山东、黑龙江3个省6个县628农户的调查样本数据，通过实证分析发现政府对农户秸秆利用进行核查对农户秸秆还田技术的采用具有积极作用[140]。李成龙等认为引导与约束同经济激励一样，也是影响农户农药包装废弃物回收行为的关键因素[141]。

1.3.3.3 宣传教育型政策对农户行为的影响

作为一种成本相对较低、作用较为持久的政策措施，宣传教育型政策在农户行为干预研究中越来越受到重视。主要包括宣传教育、推广、培训三种途径。

关于宣传教育对环境行为的影响，国内外学者已展开了较多的研究，得出的结论也较为一致，即宣传教育对环境行为实施有显著的正向影响[142]。陈占锋等针对居民电子废弃物回收积极性不高的现状，采用统计方法对北京居民电子废弃物回收行为的影响因素进行了探讨，研究结果显示，信息宣传和居民回收行为意向之间存在显著作用关系[143]。Zsóka等研究证实了环境教育与大学生环境行为之间存在强相关关系[144]。岳婷等采用扎根理论，探讨了江苏省城市居民节能行为的深层次影响因素，研究结果表明，宣传教育对居民节能行为存在显著影响[145]。Burbi等研究发现政府对温室效应的宣传力度是低碳农业生产行为的一个重要的且具有正向效应的因素变量[146]。

推广是农户获取新信息的重要途径。Hu等研究发现农技推广技术对环保型农业技术采纳有显著的正向影响[147]。刘丽等认为通过推广可以提升农户对技术的认知，进而提高技术采纳倾向[44]。罗小娟等认为农户与推广人员接触频率对采纳新技术有积极影响[148]。但也有学者研究认为农技推广的显著作用取决于技术行为本身，即农技推广仅对某些特定技术采纳行为呈显著作用[149-150]。

普遍观点认为，培训正向影响亲环境行为的实施，因为通过参与农业培训，农户能够对环境友好型行为、技术对环境和自身收入的益处有更为深刻清楚的认识，从而激发农户采纳亲环境行为的兴趣，提高采纳倾向[151-153]。罗峦和周俊杰通过对安仁县 600 户水稻种植户的施药行为进行调查研究，发现培训是重要的技术使用诱导因素，通过技术培训农户的安全用药发生比是原来的 2.74 倍[138]。曾伟等通过对山东菜农的施药行为的研究，发现参加农业技术培训经历对农户选用高效低毒农药和生物农药均有正向影响[154]。杨玉苹等在研究农业技术培训对农户化肥施用强度的影响时发现培训显著影响农户对化肥和生物菌肥施用强度，同时接受一次性培训和田间指导的农户与未接受过任何培训的农户相比，化肥施用强度降低了 22.82%，农户生物菌肥的施用强度前者是后者的 2.14 倍[155]。基于江西省规模农户的调研数据，张小有等发现政府农技人员的推广培训是农业低碳技术应用的重要驱动因素[156]。但也有学者认为参加技术培训对技术采纳行为并未表现出显著影响[157]。

1.3.3.4　不同类型政策效应比较

随着研究的深入，学者们开始探讨不同类型的政策对亲环境行为影响效果的差异，试图通过对比不同类型政策作用效果差异，找到更有效的引导行为的政策组合。Li 研究发现在信息不对称条件下，相较于惩罚型规制，激励型规制更能够在有效养殖过程中减少逆向选择与道德风险，并激发养殖户实施亲环境行为[158]。李乾和王玉斌认为政府同时采取惩罚与补贴双项规制措施对养殖户废弃物资源化利用性的影响效应优于单独实施惩罚或补贴措施，混合型政策工具更有利于促进养殖户进行养殖废弃物资源化利用[159]。夏佳奇等指出相较于引导型环境规制，约束型环境规制和激励型环境规制对农户绿色生产意愿影响更为显著[160]。沈昱雯等基于湖北省 719 户农户的调查数据发现，价格激励、技术培训、政策补贴的正向刺激和生产监管、处罚的反向规制均能显著正向影响农户生物农药施用行为，但价格激励的影响效应最大，处罚约束次之，随后是技术培训、政策补贴，而生产监管的影响效应最小[161]。崔宁波和姜兴睿在研究农户玉米秸秆还田利用意愿与行为的影响时发现，信息诱导政策力度对政策工具的贡献度高于约束政策力度和激励政策力度[162]。史海霞对三种政策对比分析后得出，三种政策各有利弊，命令控制型政策具备见效快、时效长的特点，但此类政策由政府相关部门颁布并直接管理，会增加政府部门的时间和金钱负担；经济激励性政策见效快，但时效性却相对较短，随着时间的推移，激励效果会逐渐减弱甚至消失；宣传教育型政策可以从深层次引导个体培育正确的环境价值观，环境行为一旦形成，可达到根深蒂固的效果，但教育、宣传的过程会相对较长，成效也会相对较慢[163]。

1.3.4　相关文献研究评述

国内外学者在以上方面的研究中取得了较为丰硕的成果，已形成了比较完善的理论框架和比较前沿的方法和模型，为本书研究提供了重要的启发和借鉴意义。通过文献梳理，可以发现，在该领域研究中还存在以下可进一步完善之处：

第一，从环境行为角度来看，现有关于亲环境行为的研究文献较为丰富，取得了一些有价值的成果。但对农户农业节水行为影响机理进行系统深入研究的文献较少。农户是农业用水的主体，也是解决农业用水浪费问题的关键环节，自上而下的水利设施建设和农业节水技术推广虽然为实现农业节水提供了良好的基础设施环境，但并不是最终的解决方案，应该着力从农户角度出发，提高农户节约用水的积极性。此外，现有关于农户农业节水行为的研究多以农业节水灌溉技术采纳行为作为研究对象，测度维度较为单一，缩小了农户农业节水行为的研究范围。

第二，关于农业节水的文献普遍聚焦于水资源价格弹性和阶梯水价、水权、收入等因素对用水行为的调控，较少考虑非经济因素（如心理因素等）对节水行为的影响，也缺少相关实证研究。尽管部分学者讨论了心理因素对农户行为选择的影响，但是由于研究目的的不同，以及研究对象所处地区的文化传统和经济发展水平差异，导致心理因素与农户行为之间关系的研究结论并不完全一致，与农户农业节水行为的关系更是不得而知。

第三，关于外部政策因素对环境行为的作用，大多数学者关注的是外部政策因素对行为的直接影响，忽视了外部政策因素对环境行为中间作用过程的研究，尤其是缺乏政策因素作用于个体心理改变机制的分析。虽然近几年的文献中有部分学者分析了外部情境因素和心理因素对亲环境行为的影响，但是鲜有学者基于农业水资源压力背景下深入挖掘农户农业节水行为中个体心理因素向其行为转化的逻辑关系，并构建一个完整的研究框架。在当前农业用水供需矛盾不断凸显的社会背景下，应针对我国实际情况从外部情景因素和内部心理因素出发深入剖析农户农业节水行为驱动因素及我国农户农业节水行为形成机理，以期为推动我国农业水资源可持续发展的政策干预提供切实可行的理论依据。

通过对已有文献的总结，本书立足于农户这一微观层面，基于环境行为角度分析农户农业节水行为的影响因素和政策动力，并将两者置于同一系统，探讨政策因素在农业节水行为过程中的作用机理，以为政府制定有效可行的农业节水政策、缓解农业用水压力提供帮助和支撑。

1.4 研究意义

农业水资源可持续利用一直是黄河流域发展的关键问题。河套灌区位于黄河中上游内蒙古自治区段北岸的冲积平原，地处我国干旱的西北高原，降水量少，蒸发量大，属于没有引水灌溉便没有农业的地区。同时作为典型的引黄灌区之一，河套灌区承载着黄河流域农业水资源节约的重任。因此，本书以切实存在的农业水资源问题作为切入点，研究河套灌区农业节水问题，对于实现黄河流域农业水资源可持续利用具有重要参考价值和借鉴意义。

近年来，随着经济发展和工业化进程加速，导致河套灌区水资源质量恶化和农业可用水资源减少，而经济的发展和人口数量的不断增长，又使得农产品的需求迅速增加，农业用水矛盾激化。农户享有平等用水权利，再加上我国农业用水价格普遍偏低，不加引导难免会出现毫无节制滥用的情况。倡导农业节水，提高农户节水意识，可为水资源可持续利用提供内在动力。然而，目前在河套地区农业节水行为并没有得到农户的广泛积极主动采纳，政府政策虽然具有一定的激励作用，但缺乏长效激励效应。因此，基于农户心理感知视角，寻求有效的激励政策，对推进河套地区节水农业发展具有重要的理论价值与实践意义。

1.4.1 理论意义

第一，对农户节水行为进行系统深入研究，拓展了亲环境行为研究的内容。本书根据农业节水行为的内涵、行为表现形式和行为动机，将农业节水行为进一步细化为四个类型，并采用实证方法建构了内部心理因素和外部情境因素对不同类型农业节水行为的作用模型，解决了以往研究中普遍以单一农业节水灌溉技术采纳行为作为农户农业节水行为研究目标的缺陷，同时也拓展了亲环境行为的研究内容。

第二，以往关于农户行为的研究在分析不同因素对农户行为作用机理的同时，大多忽略了外部政策情境因素对个体心理因素的作用关系，导致构建的政策干预路径缺乏对个体心理因素的深刻剖析，使之缺乏理论分析依据。农户节水行为属于微观范畴,是主体行为的一种,通过对农户节水行为心理影响因素进行分析,进而过渡到诱导政策理论层面,使公共政策理论与微观主体行为选择理论结合,有利于丰富个体行为领域、环境行为领域和公关政策领域的研究范畴,促进微观行为研究和宏观政策研究的融合,对于政府通过宏观政策诱导微观行为主体的行为具有重要的研究意义。

1.4.2 现实意义

河套灌区作为黄河流域重要灌区之一,水资源短缺以及用水效率低下已经是一个不容忽视的问题。农业节水的大范围实施,在大幅提升灌溉用水效率的同时,能有效缓解黄河流域中上游农业对水资源的过度开采以及对生态和工业用水的挤占,有助于推进生态平衡的恢复。着眼于农户这一微观用水单位的节水行为,将内在心理因素和外部情境因素纳入农户的节水行为框架,分析农户节水行为的特征差异,可为有针对性地制定持久性和稳定性的策略提供数据支持和实践依据,同时有助于培育和激发农户节水行为的内在动力。这对于区域农业水资源的合理配置与高效、长效利用以及促进黄河流域生态保护与高质量发展均有重要现实意义。

1.5 研究目标与研究内容

1.5.1 研究目标

农业用水矛盾已成为我国社会经济发展和粮食安全的主要瓶颈。落实农业节水,促进农业水资源高效利用,维系农业用水良性循环,是各地区政府迫切需要解决的关键问题。农户作为农业用水主体,其农业用水行为会对实现农业水资源节水目的产生影响。本书立足于黄河流域河套灌区这一典型农业用水大区,围绕构建节水型社会、推进农业经济健康、持续发展这一宗旨,在相关管理学、环境行为、社会心理学等学科理论分析的基础上,搭建农户农业节水行为分析框架。并结合实地调研数据,探讨影响农户农业节水行为的心理归因及政策引导机理。以期提高现行农业节水行为引导政策制定的科学性、合理性与有效性,并为解决农业水资源问题提供帮助。具体研究目标如下：

第一，探究农户农业节水行为形成机理。在系统梳理国内外相关文献的基础上，厘清农户农业节水行为概念与表现形式，基于农户行为理论、计划行为理论、"价值—信念—规范"理论、负责任的环境行为理论和社会影响理论构建农户农业节水行为理论模型。基于外部性理论，探究政策引导农业节水行为的必要性，为下文农户农业节水行为政策引导研究提供理论依据。

第二，辨析农户农业节水行为的影响因素与作用效果。基于所构建的农户农业节水行为影响的概念模型，结合实地调研数据，运用规范的实证研究方法，检验个体心理因素和外部情境因素对农户农业节水行为的影响机理和干预效果。

第三，基于理论分析和实证分析结论，提出引导农户农业节水行为实施方式的优化与建议，以期为政府部门有效引导和规制农户农业节水行为、建设农业节水型社会提供理论依据。

1.5.2 研究内容

基于已有的研究基础和上述研究目标，本书主要内容展开如下：

第1章，绪论。重点阐述本书的研究背景、问题提出、文献综述和研究意义，并简述本书的研究目标、研究思路、研究内容、方法以及技术路线，最后给出本书可能的创新点。

第2章，理论基础。首先，对所涉及的农业节水行为概念范畴进行界定与划分；其次，对农户行为理论、计划行为理论、"价值—信念—规范"理论、负责任的环境行为理论、社会影响理论等相关理论进行回顾和梳理，为本书提供所需理论支撑；最后，基于相关文献与基础理论，构建农户农业节水行为理论模型，以期为后续实证研究和仿真研究奠定理论基础。

第3章，研究设计。首先，对样本区域选择以及样本区域自然资源禀赋、经济社会发展概况、水利建设情况和农业节水政策实施状况做了一个简单的概述；其次，介绍了本书选择的调研方法、调研过程和问卷结构；再次，根据研究目的介绍本书涉及的农业节水行为、农业节水行为意愿、农户心理因素和政策工具等变量的操作性定义和测量；最后，采用 SPSS 软件对样本数据进行描述性统计分析，并采用独立样本 T 检验、单因素方差分析和均值比较分析等方法验证农业节水行为在社会人口学变量上的差异

第4章，农户心理因素对农业节水行为驱动效应的实证研究。首先，就概念

模型中农户心理因素对农业节水行为的作用关系进行理论分析并提出研究假设；其次，采用 SPSS 软件对本章涉及的变量进行正态性、信度、效度和相关性检验，确认本章选取的变量是否可以进行下一步研究；最后，采用结构方程模型检验心理因素对农业节水行为的作用机理。

第 5 章，农户心理因素对农业节水行为驱动效应的模拟研究。考虑到农户行为的复杂性，本章在第 4 章实证分析的基础上，结合农户农业节水行为的综合判别结果，构建农户农业节水行为 RBF 神经网络模型，模拟心理因素对农业节水行为综合判别结果的影响。

第 6 章，外部情境因素对农户农业节水行为引导效应的实证研究。首先，基于农户农业节水行为的理论模型，就外部情景因素对农户农业节水行为的作用关系进行理论分析并提出研究假设；其次，采用 SPSS 软件对本章涉及的变量进行正态性、信度、效度和相关性检验，确认本章选取的变量是否具有进行下一步研究的可能性和必要性；最后，利用分层回归法和 Process 插件程序实证检验外部情境因素对农业节水行为的调节效应和调节中介效应。

第 7 章，引导农户农业节水行为的政策建议。基于实证分析结果，从基于人口学特征的行为促进策略、基于心理因素的行为强化策略、基于情景因素的行为引导策略、农户农业节水行为内化策略四个方面出发，构建农户农业节水行为政策引导体系，提出促进农户农业节水行为的相关政策建议，以期改善农户用水行为，加快推进农业水资源可持续利用。

第 8 章，研究结论和展望。对全书主要研究结论进行系统归纳、总结，提出本书研究不足和未来可进一步改进以及挖掘的方向。

1.6　研究方法

1.6.1　文献研究法

通过梳理现有农户农业节水行为模式、农业节水行为影响因素、农业节水行为引导策略以及环境行为理论等方面的相关文献，为本书理论模型的建构提供理论支持。通过归纳农业节水方面的相关研究成果，分析总结现有研究不足，找到本书研究的切入点，为农业节水中农户生产用水行为研究提供思路和方向。

1.6.2　理论分析法

借助农户行为理论、计划行为理论、"价值—信念—规范"等环境行为理论，对农户节水行为的产生机理、农业节水行为的影响因素及作用方式进行逻辑分析。运用经济学分析方法对政策因素对于农户农业节水行为的逻辑作用进行理论推导，为后续开展实证研究奠定基础。

1.6.3　实地访谈法与问卷调查法

在回顾总结相关文献的基础上，借鉴相关成熟量表，科学开发本书农户农业节水行为调查量表，通过访谈相关领域专家和相关部门工作人员，对调查量表进行修正和完善，同时对河套灌区农业生产发展、水利建设以及水资源状况进行宏观层面的把握。以河套灌区为研究区域，通过随机抽样方式，对样本农户进行问卷调查，获取第一手数据资料，为下文农户农业节水行为现状以及各影响因素对农户节水行为影响机制等方面的研究提供数据支撑。

1.6.4　计量研究方法

基于所获得的研究问题的第一手资料，采用多元统计分析、方差分析对样本调查数据进行计量研究。具体包括：采用多元统计分析对样本信息进行描述性统计分析；采用独立样本 T 检验和方差分析研究不同社会人口学特征下农业节水行为的差异性；采用结构方程模型分析心理因素和农业节水意愿对农户节水行为的直接和间接作用；运用分层回归分析法检验外部政策情境因素对农业节水行为的调节效应和调节中介效应。

1.6.5　神经网络分析法

运用神经网络分析法模拟心理因素对农业节水行为判别结果的影响，并对不同类型农业节水行为影响因素的相对重要性进行比较分析。

1.7 技术路线

围绕本书的研究目标和具体内容，遵循如图 1-3 所示的技术路线对农户农业节水行为影响机理及引导政策展开深入研究。

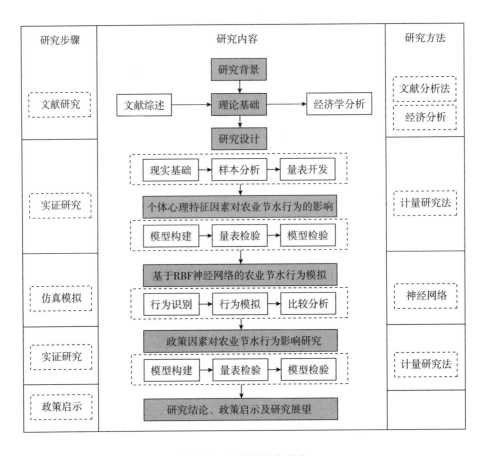

图 1-3 本书的技术路线

1.8 研究创新之处

本书的创新点主要体现在如下几个方面：

第一，现阶段对于农业节水的相关讨论多集中于宏观视角的水资源利用或微观层面的节水技术采纳，忽略了农户在农业节水过程中的主体地位，同时也缩小了农业节水行为的研究范围。本书基于农业节水动机和节水行为表现形式，从习惯型、技术型、社交型和公民型四方面综合界定农户农业节水行为，保证多视角开展对农户节水行为的研究，更为细致地刻画并衡量农户节水行为，可为农业节水政策制定提供更具针对性的理论依据和实践参考。同时，作为环境行为的子范畴，关于农户农业节水行为的研究进一步完善和丰富了农户亲环境行为研究的理论和内容。

第二，构建了以农户农业节水行为为导向，心理因素为影响变量，外部情境因素为调节变量的综合性研究框架，并采用计量分析方法，探析政策因素、社会规范、农户心理感知对不同类型农业节水行为的影响，这种围绕"政策因素—心理因素—农业节水行为"相互关系的研究范式，可以提高政策干预路径或干预策略的契合性、有效性和稳定性。

第 2 章　理论基础

农户农业节水行为属于个体环境行为。本章首先在环境行为概念的基础上对农户农业节水行为概念进行了界定并分类。其次对主流行为理论进行了梳理和探讨，以期为后续研究搭建较为扎实的理论框架奠定基础。再次采用经济学理论分析了农业节水行为的外部性，由此得到政策情境因素在促进农户农业节水行为发展中具有不可或缺的作用。最后介绍了农户农业节水行为的形成机制，并结合理论基础和文献综述构建了农户农业节水行为影响因素的概念模型。

2.1　相关概念界定

2.1.1　农户

农户是指以农业生产为主，以血缘、婚姻关系为纽带组合而成的生活、分配、交换和消费单元，是农村最基层的社会单位和农业生产经营单位。作为一个独立的生产经营单位，农户通过合理配置家庭农业生产资料，依靠家庭成员的劳动或雇佣劳动进种、养殖生产活动。本书主要研究农户农业用水行为，而农田灌溉用水是农业用水的主要构成部分，因此本书主要关注从事种植业的农户。

2.1.2　农业节水

国内公认最具权威的农业节水定义出自由国家发展改革委、国家环保部等部门，北京大学、清华大学等高校以及中国生态经济学会等专业研究机构共同组织编写的《生态经济建设大辞典》，它将农业节水定义为在农业生产过程中，在充分利用降水的基础上，通过采取工程、机械、农艺和管理等措施，合理开发利用与管理农业水资源，综合提高天然降水和灌溉水的利用效率和效益，同时通过治水、改土、调整农业生产结构，改革耕作制度与种植制度，发展节水、高产、优质高效农业，实现节约用水和提高农业用水效益的目标。刘韵非等将农业节水定义为通过严格化水资源管理、转变农业用水方式、加强农业节水的综合措施、强化农业节水的科技支撑、健全农技推广体系等途径，达到高效利用水资源的目标[164]。沈彦俊等从区域和农田两个尺度分别对农业节水进行界定，区域层面的农业节水是指在考虑区域农业功能定位的基础上，通过优化农业种植结构，减少高耗水作物种植比例和规模，进而降低区域整体的灌溉取水量；农田层面的农业节水是指通过合理调整作物种植强度、研发深度节水技术和智慧化水分管理技术等，提升作物水分利用效率[165]。

结合上述农业节水相关定义，本书将农业节水定义为在农业生产过程中，在保证农作物生长发育需水规律的基础上，通过采取生物、工程、农艺和管理等措施，提高农业用水效率，降低农业用水总量，促进农业可持续发展。

2.1.3　农户农业节水行为

2.1.3.1　农户农业节水行为内涵

农业节水行为本质上仍属于亲环境行为。因此，要界定农业节水行为，必须要对亲环境行为的内涵和外延有清晰的认识。

环境行为是指影响环境品质或者环境保护的行为[166]，分为正面的环境行为和负面的环境行为。亲环境行为是指正面的、有利于生态环境的行为，也被称为负责任的环境行为、生态行为等。有学者从不同角度对亲环境行为进行了界定。一部分学者分别从增强行为正外部性和降低负外部性两个角度界定亲环境行为[167]。强调正外部性的学者认为，亲环境行为是指在个体获取环境物质能量的过程中，能够对生态系统结构以及平衡产生积极溢出效应的行为[168]；而强调负外部性的学者认为，亲环境行为是减少或消除个体自身活动对环境的负面影响的行为[169]。还有一部分学者从学科角度对亲环境行为进行了界定。基于社会学角度的学者认为，亲环境行为是一种直接关系他人、组织和社会群体福利的行为[170]；基于心理学角度的学者认为，亲环境行为是以意识为基础，以价值观为指导，对个体、环境做出有益的行为及其倾向[171]。综合来看，学术界对亲环境行为内涵的界定较为统一，不管是增强有益行为还是减少有害行为，做出有利于保护环境的行为就可以看作亲环境行为。

环境质量与个体的行为方式息息相关[172]。近年来，随着气候变暖、资源枯竭、污染等问题日益突出，越来越多的学者聚焦于个体在环境中发挥的作用[173-175]，即个体亲环境行为，如居民节能减排行为[176-177]、绿色消费行为[178-180]、绿色生产行为等[181-182]。

农业水资源是指自然领域中可用于农业生产和农村生活中的各类水资源，包括满足农、林、牧、副等一系列农业生产和农村生活用水需求的水资源[183]。由于农田灌溉用水在农业水资源消耗的占比较大（约为95%以上），现有研究通常将农田灌溉用水视为农业水资源节水的关键所在[15]。因此，本书中的农业节水行为即为节约农业灌溉用水行为。具体来看，农业节水行为属于一种基于微观个体视角的农业亲环境行为，是指根据作物需水规律及该地区供水条件，有效利用天然降水和人工灌溉水，以获取最佳的农业经济效益、社会效益和生态环境效益的综合技术措施的总称[184]。其根本目的在于提高水资源利用率，实现农业生产的节水、高产、优质、高效[185]。其核心在于在水资源有限条件下，通过先进的水利工程技术、适宜的农作物技术以及用水管理技术等措施，充分提高农业用水利用率，减少农业生产中水资源调配、输水、灌水、农作物吸收等环节的水资源浪费[186]。具体农业节水行为包括：减少灌溉面积，采用节水灌溉技术，调整种植结构，修建维护灌溉渠道，灌溉过程的永久监控等。可见，严格来讲，农业灌溉节水行为属于私人领域的个体亲环境行为范畴。

借鉴上述亲环境行为的界定标准，给出农业节水行为的定义，即基于农户个体情感等心理因素，通过减少灌溉面积、发展农业灌溉技术、调整种植结构、加强灌溉管理等相关行为来减少农业用水的消耗，进而缓解农业用水压力的行为。

2.1.3.2 农户农业节水行为分类

从行为学的角度来讲，根据个体行为表现形式或内容进行细化、分类，有助于进行更加深入、系统的研究，进而提出有针对性的政策和建议。目前尚未有学者对农业节水行为进行划分。考虑到农业节水行为是一种特殊的、更为具体的亲环境行为，因此关于农业节水行为的划分可借鉴生活节水划分标准和环境行为划分标准。

国内外学者结合具体生活情境提出不同的生活节水行为测度量表。郝泽嘉等对北京市中学生的节水知识、意识和行为进行评估时指出，节水行为应包括在提高用水效率这一目标约束下的普通个人用水行为和对用水行为进行调整的其他行为[187]。穆泉等在对北京市居民节水行为选择影响因素的实验研究中，将居民生活节水行为划分为节水生活习惯、用水器具节水化改造和节水器具购买三类[188]。Dean 等从使用节水设备、日常节水行为和使用再生水等替代水源三个方面测度居民水行为[189]。Jonathan 等则将节水行为划分为减少草坪浇水、减少洗涤用水、使用节水设备、使用雨水或循环用水和种植耐旱植物五个方面[190]。王延荣等使用质性研究方法，将城镇居民水行为划分为生态环境保护行为、说服行为、消费行为、法律行为四个层面[191]。

关于亲环境行为的结构划分尚未形成统一标准。不同学者从不同视角对亲环境行为进行了划分。依据行为的表现形式，Sia 等将亲环境行为分为五类，即说服行为、消费行为、生态管理、法律行动和政治行动[192]。在此基础上，Smith 和 Dcosta 将环境行为分为六种，即除了法律行动和说服行动，还包括实践行动、公民行动、教育行动和经济行动[193]。Thapa 则从政治行动、资源回收、环境教育、绿色消费和社区活动五个方面对环境行为进行了划分[194]。基于行为主体，亲环境行为可分为公共行为和私人行为[195]。前者是指公共领域下的具有社会性质的行为，如环保团体等。后者通常是指私人领域下的个体行为，如个体节能行为等。基于行为发生的心理导向领域，Stern 认为环境行为包括激进的环境行为、公共领域的非激进行为、私人领域的环境行为和其他具有环境意义的行为四类[196]。基于环境行为成本（如时间、精力等），有学者将亲环境行为分为低成本亲环境行为和高成本亲环境行为[197]。低成本亲环境是指垃圾回收等，而高成本亲环境行为是指亲环境购买行为，如新能源汽车。Chen 等结合行为发生的空间领域和表现形式将环境行为划分为基础环境行为、决策环境行为、人际环境行为和公民环境行为[198]。陈飞宇结合质性分析，从行为发生动机的视角，将环境行为结构细化为习惯型行为、决策型行为、人际型行为和公民型行为[199]。

综上所述，在生活节水行为和环境行为的结构划分中，已有文献主要是基于行为的表现形式、行为发生动机、行为实施主体、行为实施领域和行为实施成本等方面，对生活节水行为和环境行为进行进一步细化。农业节水行为主体和空间区域较为单一，成本确定较为模糊，为此，借鉴上述研究的做法，基于农业节水行为表现形式和行为发生动机视角，将农户农业节水行为划分为习惯型农业节水行为、技术型农业节水行为、社交型农业节水行为和公民型农业节水行为。相关研究表明，基于行为形式和行为动机视角的划分，有利于洞悉行为特征和行为原因，便于实施干预措施[198]。

2.2 相关基础理论

农业节水行为是农户亲环境行为的一种。因此，农户行为理论和亲环境行为理论是研究农户农业节水行为的主要理论基础。本节通过梳理和分析目前最具影响力的六种理论模型，为下文构建节水行为理论模型和开展实证研究奠定基础。从农户行为理论入手，梳理农户行为经济学的发展脉络，结合环境行为相关理论，为构建本文农户农业节水行为概念模型奠定理论基础。通过外部性理论就农户农业节水行为的外部性特征进行分析，进而借助经济学分析方法探究农业节水行为引导的必要性，为后续行为干预研究提供理论依据。

2.2.1 基于农户行为理论的农业节水行为分析

主流的观点认为，农户行为理论主要有组织生产流派、理性行为流派和历史流派三个。

2.2.1.1 组织生产流派

组织生产流派以俄国的新民粹主义农民学家恰亚诺夫为代表，他认为在小农经济中，农户的主要目标是通过主观判断在满足家庭消费需求和劳动辛苦程度两者之间均衡决策出家庭劳动投入量，即小农经济在家庭成员消费需求得到满足之后会失去扩大再生产的动力[200]。因为劳动需要辛苦付出，而农户不劳动则可以开展休闲活动产生正效应。因此可以说小农经济是保守的、非理性的和低效率的。

2.2.1.2 理性行为流派

理性行为流派以西奥金·舒尔茨为代表，他认为小农的经济行为并非没有理性，小农户作为"经济人"会像资本主义企业家一样具有理性，具有逐利性的特点，他们重视农业生产要素的配置效率，会根据市场的刺激和机会来追求最大利润，传统的小农经济是"贫穷而有效率"的，而传统农业不能快速发展的原因在于农业生产过程中生产要素投入效率存在边际递减规律，而非农户缺乏积极性与进取心[201]。此后，在此基础上，Popkin 提出农户是理性的个体或者追求家庭福利最大化的个体假设，认为农户会在权衡长期利益和风险之后，作出效用最大化的决策[202]。

2.2.1.3　历史流派

历史流派的以黄宗智为代表，基于中国农户既不是舒尔茨所描述的理性小农，也不是恰亚诺夫所描述的生计小农的观点，他提出了独特的小农命题"拐杖逻辑"。他认为中国农户的收入包括务农收入和兼业收入，即使在边际报酬很低的情况下，农户仍然会继续投入劳动，这可能与农户缺乏边际报酬的概念有关。农户具有既追求效用最大化也追求利润最大化的特点[203]。

农户行为理论为解释农户行为提供了基础。特别是舒尔茨的理性小农理论为本书的开展提供了良好的视角。本书中农户农业节水行为是在他所限定的产量水平上的最优用水行为。农户出于自身效用的考量，加之其灌溉技术和知识匮乏及文化程度较低，很难自愿主动进行节水行为，即农户用水行为受到自身禀赋的限制。同时作为社会人，农户用水行为也受到外部政策因素的影响。农户是兼顾"经济理性""社会理性"的，他们的行动目标就是追求自身效用的最大化。当政府针对用水行为实施严格的命令控制政策或激励政策时，屈服于对效用的追逐，农户会选择遵守章程，其用水行为基本也正在政策的引导下得以规范。换言之，农户用水行为的理性选择过程是对一切资源配置进行深思熟虑的抉择，是在综合考虑自身能力、外部环境的影响后所采取的相对理智的决策。

2.2.2　基于计划行为理论的农业节水行为分析

计划行为理论（Theory of Planned Behavior，TPB）由美国心理学家 Ajzen 于 1991 年提出，是社会心理学领域研究主观心理因素与行为关系的经典理论，是理性行为理论（TRA）的继承与延伸[204]。该理论提出，人的行为并不是完全自愿，而是受各种条件的制约。因此，该理论在 TRA 理论的基础上增加了感知行为控制或知觉行为控制（Perceived Behavior Control）。TPB 理论强调个体理性的特征，认为人的主观意识会控制其行为。所以个体会比较、评估各种相关信息，衡量自己的利益和付出成本，然后决定是否采取行动[178]。

TPB 理论指出行为意愿是个体行为的最直接的决定因素，而行为的态度、主观规范、感知的行为控制是决定行为意愿的三个主要因素（见图 2-1）。根据 Ajzen 的阐述，TPB 理论包含两层含义：一是个体的态度、主观规范和感知行为控制正向影响个体的行为，即个体对某种行为的态度越积极、感受的主观规范压力越大、对感知到的控制越强，采取该行为的意愿也越大[205]。反之，态度、主观规范、感知行为控制越低，转化为行为意愿和行为的可能性也越低。二是个体的感知行为控制能力除直接影响个体的行为意愿外，还间接地调节行为意愿和实际行为的关系。

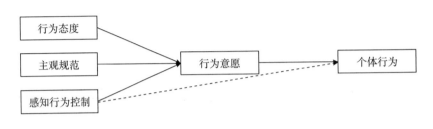

图 2-1　计划行为理论框架

目前，TPB 理论已被广泛运用于心理学、社会学和管理学领域[205-208]。此外，一系列的实证研究证明该理论在行为预测中具有很好的解释力和预测力，并成为诸多亲环境行为研究的理论依据，为心理变量和行为意愿之间搭建了基础理论框架[209-212]。因此，本章引入 TPB 理论构建本书研究框架，以期建立更为完善的农业节水行为模型。具体体现在，农户的节水意向决定了他们的节水行为，而农户的主观规范等因素又决定了其节水意向。

2.2.3　基于"价值—信念—规范"理论的农业节水行为分析

"价值—信念—规范"理论（Value-Belief-Norm Theory，VBN）由 Stern 在对公众环保行为的研究中，融合心理学上的价值观理论、规范行为理论与环境社会学的新环境范式理论形成的一个系统性理论[213]。该理论模型认为环境行为可由个体对环境持有的价值观、信念及个人规范三种力量的连续作用来解释。价值观包含生态价值观、利他价值观以及利己价值观，生态价值观以自然环境固有的价值为中心，利他价值观以人类的利益或目标为中心，利己价值观以自身利益或目标为中心。信念以"新生态范式"为基础，包括对行为后果的意识和环境问题的责任归属。个人规范或称道德规范，是指个体出于内在的责任意识而去执行非正式义务行为的心理状态。如图 2-2 所示，价值观、信念及个人规范这三种力量的作用包含了五个因果链，起点是与环境行为最为相关的三种价值观，即生态价值观、利他价值观以及利己价值观。价值观通常会影响信念，信念往往激发个人规范，最终影响个体实施环境行为倾向。此外，Stern 还指出，因果链中的每个变量对后续变量的影响不是单一的连续路径，每个变量既可以直接影响下一个变量，连续经过后续变量的中介作用影响环境行为，还可以跳过下一个变量，直接影响后面的变量。

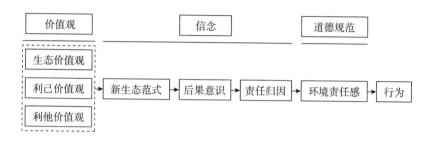

图 2-2 "价值—信念—规范"理论框架

本书关于农户农业节水行为的研究，体现了这一理论的科学原理。在小规模分散经营的现实条件下，农户用水行为决策选择很大程度要取决于自身主观心理认知，如价值观、环境责任感、行为结果等。农户在用水过程中存在有限理性，不合理的用水行为体现出强烈的以个人利益为核心的利己价值观，忽略了对原本纯朴的利他价值观和生态价值观的理解。此外，对节水行为形成而言，在拥有正确价值观的基础上，个体还需具备很强的水资源保护责任感以及自身行为对环境影响程度的感知。当农户个人在农业用水过程中所具备的环境责任感越强，对自身行为结果认识越清晰时，就会对行为表现出更高水平的实施倾向。

2.2.4 基于负责任的环境行为理论的农业节水行为分析

负责任的环境行为理论（Model of Responsible Environmental Behavior）由 Hines 等通过对若干篇关于环境行为及其影响因素的文献梳理所得，是一个综合的环境行为理论模型，如图 2-3 所示。该模型认为行动技能、行为策略知识、环境问题知识和个体的个性变量是环境行为的前因变量，其中个性变量包括态度、控制观和责任感。四个前因变量通过个体的环境行为意向这一中介变量作用于环境行为[214]。此外，个人的经济条件、社会压力等外部情境因素也是促使个体实施环境行为的重要动因。基于该理论，本书认为农业节水行为意愿在行动技能、行动策略知识、环境问题知识及个性变量对节水行为影响的路径中起中介效应的作用。此外，外部诸多情境因素也影响和约束了农户用水行为。

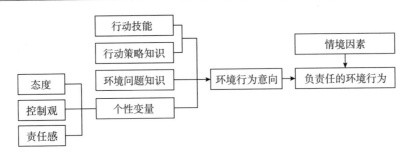

图 2-3　负责任的环境行为理论框架

2.2.5　基于社会影响理论的农业节水行为分析

社会影响理论（Social Influence Theroy，SIT）由 Kelman 提出，用于解释外部群体对个体行为的影响。该理论认为个体受到所属群体的影响，从而使自己的行为随之发生变化，同时即便行为结果表现是相同的，人们接受行为背后的过程也可能是不同的，因为个体所接受的影响过程可能是不同的[215]。Zhou 将个人行为受到的影响过程分为三类，即顺从、认同和内化（见图 2-4）[216]。顺从反映个体遵守对自身重要的其他人的意见；认同反映当个体意识到自己隶属于某一群体时，通常会对这一群体产生一定的认同感，并在心理感受和行为上会对其所属群体产生一定的趋同性。内化反映个体价值理念与他人趋于一致。顺从、认同和内化分别由主观规范、行为认同和社会规范反映[217]。在农业用水过程中，农户往往会通过观察周围其他农户在农业用水行为上的实际做法或想法而得出自己对农业用水行为的看法。当该农户周围多数人都已采取节水行为或认为应该采取节水行为时，其本身也会对该行为产生一定的认同，此时，农户将会根据周围人的实际做法或想法有意或无意地改变自己的行为意愿和行为，直到与周围人的行为趋于一致。

图 2-4　社会影响理论框架

2.2.6　基于外部性理论的农户农业节水行为分析

2.2.6.1　外部性理论

根据萨缪尔森的观点，外部性是指某些生产或消费对其他团体强征了不可补偿的成本（负外部性），或者给予了不需要补偿的收益的状况（正外部性）。受到外部性影响，会出现资源误置、配置效率低下、市场发展受阻等问题，为减少外部性的负面影响，鼓励行为主体开展正外部性行为，需要对外部性进行校正。校正外部性的总体策略是将外部性（外溢成本或收益）内部化，常规策略包括：第一，向行为人征税，主要是向污染环境的企业获取相应的排污水费用税收，即污染税，加大行为人的行为成本，降低行为实施倾向。这种形式最初是英国经济学家庇古提出的，因此也称为"庇古税"。第二，津贴、奖励。这种行为依据是通过补贴和奖励，降低行为人的行为供给成本，推动行为供给。

目前，我国农业用水价格普遍偏低，农业节水行为就是一种具有正外部性的行为，因为节约用水相当于给其他社会群体或未来子孙后代让渡福利。而浪费水就是一种负外部性行为。但是农户浪费水的行为在很大程度上是由于缺乏相关的认识、技术与基础设施开展活动，以及出于成本收益的考量。因此，农业节水行为可以参照正外部性相关原理予以支持，通过相应的补偿机制，使行为得以落实。而浪费用水的行为则应该参照负外部性相关原理加以矫正，通过处罚约束，实现负外部性内部化。因此，在促进农业节水行为过程中，适当政策干预是十分有必要的。

2.2.6.2　农户农业节水行为政策干预

农业节水活动涉及政府和农户两大利益群体。政府的行动目标是在保障粮食安全的基础上促进水资源的可持续利用，最终实现经济效益、社会效益和生态效益协调发展。然而，对于追求自身效用最大化的理性小农来讲，出于个体"经济人"的特征，其行为决策目标仅限于通过成本和收益间的平衡，实现个体经济效益的最大化。换句话讲，农户的自利性特征造成了其农业用水行为过程中的外部性。外部性分为正外部性和负外部性。同样，农业灌溉行为过程中也存在正负外部性两个方面。正外部性体现在农户通过参与农业节水活动，给其社会群体和生态环境带来了积极的影响，但其他社会群体却不需要为此付出成本。正外部性体现在农户不节约用水，造成水资源浪费，给其他人带来了负面影响，却未因此而承担相应的成本。可见，在正外部性下，个体成本大于社会成本；在负外部性下，个体成本小于社会成本。

图2-5表示农户农业用水过程中的负外部性情况。纵轴表示的是成本，横轴表示的是数量，D表示的是市场需求曲线。假设市场为完全竞争市场，个体需求曲线D等于其边际收益曲线MR，且为水平线。SMC表示社会边际成本，PMC表示个体边际成本。农业灌溉过程中不实施监控、不对水渠进行清理和维护、大量种植耗水作物等行为必然造成水资源的浪费和水资源生态环境的破坏，从而损害其社会群体或未来子孙后代的福利水平。在图中为社会边际成本（SMC）大于个体边际成本（PMC），SMC位于PMC上方。从个体成本角度来看，个体会消耗由个体边际成本PMC与边际收益曲线的交点B决定的数量Q_2。从社会成本角度来看，个体会消耗由社会边际成本SMC与边际收益曲线的交点E决定的数量Q_1。由于社会成本较高，导致了消费者的实际消耗量会比社会均衡消耗量多（$Q_2 > Q_1$）。因此，由于农户个体在实际灌溉的过程中很少考虑其行为的社会成本，造成了私人边际成本与社会边际成本的不一致性，因此不可避免地会由于不良行为的发生而导致水资源环境的恶化。

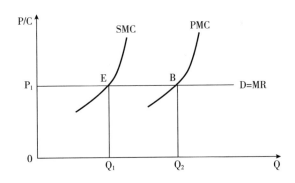

图2-5 农业浪费水行为的负外部性

图2-6表示农户农业用水过程中的正外部性情况。纵轴表示的是成本，横轴表示的是数量，D表示的是市场需求曲线。假设市场为完全竞争市场，个体需求曲线D等于其边际成本曲线MC，且为水平线。SMR表示社会边际收益，PMR表示个体边际收益。

由于农户实施农业节水行为，实现了对水资源的节约，给他人和生态环境带来了有利的影响，因此个体边际收益会小于社会边际收益，个体边际收益会位于

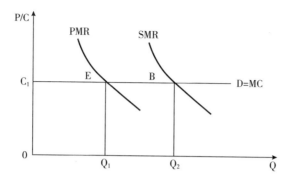

图 2-6　农业节水行为的正外部性

社会边际收益下方。从个体收益角度来看，个体会消耗由个体边际收益 PMR 与边际成本曲线的交点 E 决定的数量 Q_1。从社会成本角度来看，个体会消耗由社会边际收益 SMR 与边际成本曲线的交点 B 决定的数量 Q_2。由于社会收益较高，导致了个体的实际消耗量会比社会均衡消耗量少（$Q_2 > Q_1$）。因此，由于环境行为的正外部性，个体实际消耗量数量常常低于社会需求的最优水平，从而无法实现自然环境的最优状态。

农业水环境资源作为公共资源，具有社会特性和公共属性，农户在用水过程对自身行为成本和收益的平衡往往导致外部性情形。人人享有平等用水权利，但农业水费普遍偏低，私人收益与社会收益相偏离，不加引导难免会出现毫无节制滥用的负外部性情况，导致资源不能实现最优化配置，也很难依靠市场或个体自身行为进行校正和解决。破解环境外部性难题的重点在于实现环境外部性内部化，而政府干预为解决环境外部性内部化问题提供了有力的工具。具体来看，针对农业节水行为，政府以立法或行政法规的形式出台的各项政策能规范农户用水行为，适度的补贴措施能鼓励农户采用农业节水技术，差别化的水价政策和监督能约束农户的用水行为。

2.3　农户农业节水行为理论模型构建

农民的环境行为是复杂的[218]。因此，为了弄清楚农民的农业节水行为意愿和由此产生的行为，并改变它们，重要的是建立适当和准确的行为模型。根据心理学理论的观点，农户在农业生产中的用水行为决策过程，实际上是农户农业节水心理认知阶段、农业节水行为意向阶段和农业节水行为实施阶段等一系列阶段集合而成的有序过程。农户在做出农业节水行为实施决策之前，首先会产生节水行为实施意向，而农户对环境行为的心理感知是节水行为意向的决定性因素。事实上，作为一个社会人，农户的行为是嵌入在社会结构中的，其中包含许多行为激励、障碍和约束。前文理论基础分析中已经确定了外部情境因素在塑造环境行为中的作用。因此，本书试图将外部政策情境因素和社会规范纳入研究框架，进一步将农户农业节水行为细分为四个阶段：个体心理认知阶段、节水意向阶段、外部情境因素引导阶段和农业节水行为实施阶段，如图 2-7 所示。

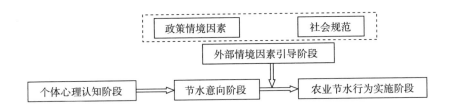

图 2-7　农户农业节水行为形成过程

在个体心理认知阶段，根据环境行为理论的观点，心理因素对解释农户行为的复杂性具有很好的帮助，改变农户行为形成过程中的心理认知成分是引导农户行为转变的有效方法。计划理论已被广泛用于理解农户的环境行为，因为它有助于确定影响相关行为决策过程的主要心理因素[218]。因此，本书以计划行为理论作为基本的行为分析框架，又参考了"价值—信念—规范"理论和负责任的环境行为理论以及其变量设置。除上述环境行为理论外，社会学中研究个体心理认知的理论还有社会影响理论，但该理论在亲环境行为研究中较为鲜见。为了构建一个更加综合的行为分析框架用于分析心理因素对农户农业节水行为形成的影响，本书结合上述不同模型的侧重点，整合并拓展了上述理论的核心变量。个体心理认知阶段农户农业节水行为模型构建思路为：借鉴 VBN 理论，引入生态价值观和环境责任感变量；借鉴计划行为理论，引入主观规范；借鉴社会认知理论，引入自我效能感；参考社会认同理论，引入环境认同。

根据计划行为理论和负责任的环境行为理论，行为意愿是连接心理认知和行为的核心要素，那么节水意向阶段也是个体心理认知阶段到农业节水行为实施阶段的关键环节。同时，行为意向是预测和捕捉行为的最佳指标，因此，通过准确预测节水行为实施意向就可以对农户农业节水行为状况做出一定程度上的预测。

农业节水行为从农户的心理认知形成节水行为意向，再到实施实际的节水行为实施是一个复杂的过程。当个体在心理层面形成了节水行为意向时，从行为意向到付诸实践通常会受到内外部因素和主客观因素的综合约束，这时需要借助外部条件的作用。外部情境因素通常被分为正式制度和非正式制度。正式制度即政策情境因素，上节理论分析表明，农业节水行为具有正外部性，因此需要政府政策的干预。引导农户实施农业节水行为的政策措施是多种多样的，不同类型的政策对行为主体的作用机理不同。借鉴经济合作与发展组织（Organization for Economic Co-operation and Development，OECD）的划分标准，将农业节水政策工具分为激励型、命令控制型和宣传教育型三种。具备软约束效力的社会规范属于非正式制度，社会规范通常会在无形中影响人们心理认知，增强实施不恰当行为的压力和心理负罪感，进而规范行为，引导个体做"正确的事情"。

基于上述分析，同时参考文献综述，构建出本书农户农业节水行为影响因素综合理论模型，如图 2-8 所示。

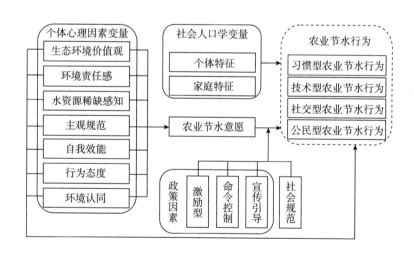

图 2-8　农户农业节水行为影响因素理论模型

2.4 本章小结

本章界定了农业节水行为的内涵，探讨了农业节水行为划分依据，并基于农业节水行为表现形式和农业节水行为动机，将农业节水行为划分为习惯型农业节水行为、技术型农业节水行为、社交型农业节水行为和公民型农业节水行为。通过梳理农户农业节水行为相关理论，我们认为农户农业节水行为主要受到心理因素、外部情境因素和社会人口学因素的制约。农户农业节水行为的形成是基于自身因素与外部情境因素的影响进行的相对理性的决策。

第3章　研究设计

本章首先对研究区域的自然资源、经济社会等发展状况进行了简单的介绍，对研究区域节水政策进行了系统梳理；其次阐述了本章所用调查问卷的设计流程、设计依据和内容结构；最后运用描述性统计分析法对调查样本的社会人口学因素、心理因素和农业节水行为进行了分析，以期为本书的实证分析和政策措施提供现实依据。

3.1　研究区域介绍

3.1.1　区域选择依据

2019 年 9 月，习近平总书记在郑州主持召开的黄河流域生态保护和高质量发展座谈会中强调保护黄河是事关中华民族伟大复兴的千秋大计，并明确提出量水而行、节水为重，大力发展节水产业和技术，坚决抑制不合理用水需求，推动用水方式由粗放向节约集约转变。由此可见，黄河流域的可持续、高质量发展将是今后我国经济发展的主要任务之一，在保证粮食生产安全和经济健康发展前提下，合理挖掘农业节水潜力，提高农业水资源利用效率，实现农业水资源可持续利用，将是未来黄河流域的主要发展方向。研究区域选取原则是具有代表性和典型性。本书选取黄河流域河套灌区作为农业节水研究调研地区，主要原因是：第一，从地理位置来看，河套灌区位于黄河流域中上游，上游用水不节制，必然导致下游用水紧缺，因此，河套灌区承担着整个黄河流域节水重任和涵养水源责任。第二，从经济社会发展状况来看，河套灌区素有"天下黄河、唯富一套"的美誉，同时也是国家重要的商品粮油生产基地和绿色食品原料基地，然而，灌区水资源短缺，用水供需矛盾突出，已经成为该区域农业发展的主要瓶颈。第三，从农业用水状况来看，河套灌区是黄河流域七大主要灌区之一，是典型的灌溉大户，97%的农田依赖引黄灌溉，属于没有引水灌溉便没有农业的地区，但农业用水过程中普遍存在用水效率低下、水资源浪费等现象。第四，从政策角度来看，《内蒙古河套灌区乌兰布和灌域沈乌干渠引黄灌溉水权确权登记和用水细化分配实施方案》《农业节水奖励基金筹集使用与管理办法》《自治区节水行动方案》为河套灌区推行农业节水提供了强有力的政策制度支持。

3.1.2 研究区域自然资源禀赋

河套灌区位于黄河上中游内蒙古段北岸的冲积平原，北抵阴山山脉的狼山及乌拉山，南至黄河，东与包头市为邻，西至乌兰布和沙漠，东西长 270 公里，南北宽 40~75 公里，海拔 1007~1050 米，坡度 0.125‰~0.2‰，引黄控制面积为 1743 万亩，现有引黄灌溉面积 900 万亩。

灌区深处内陆，属于中温带半干旱大陆性气候，受内蒙古高压影响，云雾少、降雨少、风大、气候干燥。灌区热量充足，年日照时间长约 3229.9 小时，平均气温 3.7℃~7.6℃，太阳辐射量多达 6200 兆焦/平方米，无霜期 120~150 天。年降水量为 100~300 毫米，降水年内分配不均，年际变化较大，降水集中在 6~9 月，春旱现象严重。平均蒸发量为 2032~3179 毫米，年内蒸发量差异较大，5~6 月的月平均蒸发量为 300~400 毫米，12~次年 2 月的月平均蒸发量为 20~40 毫米，蒸发量是降雨量的 10~30 倍。降雨量少，蒸发量大，导致该区域的灌溉水源主要为过境的黄河水，成为没有引水灌溉便没有农业的地区。

3.1.3 研究区域经济社会发展状况

河套灌区主要位于内蒙古自治区西部的巴彦淖尔市，包括临河区、五原县、磴口县、杭锦后旗、乌拉特前旗、乌拉特中旗及乌拉特后旗 7 个旗县区、62 个乡镇。截至 2019 年底，河套灌区总人口为 169.38 万人。2019 年，灌区实现地区经济生产总值为 875.01 亿元。其中，第一产业产值达 201.02 亿元，同比增长 4.3%，第三产业产值达 389.54 亿元，同比增长 5.1%。三种产业占比分别为 23.0%、32.5% 和 44.5%。城镇化水平为 55.6%，农村居民人均可支配收入为

19064 元, 城市居民人均可支配收入为 32634 元, 全社会消费品零售总额为
239.18 亿元。

3.1.4 研究区域水利建设和水资源利用情况

河套灌区由黄河三盛公水利枢纽自流引水, 北总干渠、沈乌干渠进水闸, 设
计总取水能力 645 立方米/秒。目前, 已形成总干、干、分干、支、斗、农、毛
渠 7 级灌排工程配套体系。其中, 总干渠 1 条, 干渠 13 条, 分干渠 48 条, 支渠
339 条, 斗、农、毛渠共 85522 条; 相应总排干沟 1 条, 干渠 12 条, 分干沟 59
条, 支沟 297 条, 斗、农、毛沟共 17322 条。各类灌排建筑物 18.35 万座。灌排
工程管理分为国管和群管两部分, 各类群管组织 597 个, 其中农民用水户协会
208 个, 渠长负责制 312 个, 村社直接管理 77 个。整体来看, 灌区水利工程建设
较为完善, 但根据河套灌区管理总局国管工程普查资料分析, 骨干建筑物大部分
兴建于 20 世纪 70 年代, 多已超过使用年限, 年久失修, 工程老化, 效益衰减。

由于地理位置和自然条件, 河套灌区难形成地表径流, 水源主要为过境的黄
河水。2019 年水资源总量为 53.181 亿立方米, 净引黄河水量 47.382 亿立方米,
占比为 89.10%。2019 年河套灌区水资源总利用量 49.888 亿立方米, 比 2018 年
减少 0.0683 亿立方米, 其中农灌用水量 46.5651 亿立方米, 占总利用水量的
93.33%, 严重挤占了工业、生活和生态的用水, 用水结构不合理加剧了灌区内
用水矛盾。灌区 97% 的农田依赖引黄灌溉, 近年来, 该区域农业种植面积不断扩
大, 灌溉需求不断增加, 同时, 黄河水逐渐减少, 且大部分地区仍采用传统的大
水漫灌方式进行农田灌溉, 导致灌溉用水浪费十分严重, 灌区内的农业水资源用
水矛盾重重, 水资源生态环境不断恶化。

3.1.5 研究区域农业节水政策的发展与实践

3.1.5.1 农业节水政策演进

自 2004 年以来, 政府制定的有关农业节水政策如表 3-1 所示。2004 年, 中
共中央、国务院在《关于促进农民增加收入若干政策的意见》中首次提出"节
水灌溉"一词, 反映出我国已认识到农业用水问题的重要性和迫切性, 并开始尝
试发挥政策工具的外部性作用, 进行农业节水整治, 这是我国系统化推进农业节
水事业的开始。此后, 相关政策不断出台、完善, 围绕着农业节水这一任务确立
了一系列目标和行动思路。直至 2019 年, 国家发展改革委通过了《国家节水行

动方案》，强调要从国家层面统筹推动节水工作，我国农业用水管理进入又一新的阶段。历年相关政策的制定和政策体系的形成，彰显了农业节水政策不断细化、政策日趋成熟的特征，也为本书研究提供了政策借鉴。

表 3-1　农业节水相关政策及内容

时间	政策制定单位	政策名称	设计内容
2004 年	中共中央、国务院	《关于促进农民增加收入若干政策的意见》	将节水灌溉作为"六小工程"之一，指出各地要因地制宜开展雨水集蓄、河渠整治、牧区水利等
2005 年	发展改革委、财政部、水利部、农业部、国土资源部	《关于建立农田水利建设新机制的意见》	改革水价和水费计收机制，为工程良性运行和节约用水创造条件
2006 年	党中央、国务院	《关于推进社会主义新农村建设的若干意见》	加快发展节水灌溉，继续把大型灌区续建配套和节水改造作为农业固定资产投资的重点
2007 年	中共中央、国务院	《关于积极发展现代农业扎实推进社会主义新农村建设的若干意见》	加快大型灌区续建配套和节水改造，引导农民开展直接受益的农田水利工程建设，推广农民用水户参与灌溉管理的有效做法
2008 年	中共中央、国务院	《关于切实加强农业基础建设进一步促进农业发展农民增收的若干意见》	搞好农田节水灌溉示范，引导农民积极采用节水设备和技术
2009 年	中共中央、国务院	《关于2009年促进农业稳定发展农民持续增收的若干意见》	推广高效节水灌溉技术，因地制宜修建小微型抗旱水源工程
2010 年	中共中央、国务院	《关于加大统筹城乡发展力度进一步夯实农业农村发展基础的若干意见》	大力推进大中型灌区续建配套和节水改造，加快末级渠系建设
2011 年	十一届全国人民代表大会第四次会议	《中华人民共和国国民经济和社会发展"十二五"规划纲要》	要实行最严格的水资源管理制度，建设节水型社会
2012 年	中共中央、国务院	《关于加快推进农业科技创新持续增强农产品供给保障能力的若干意见》	大力推广高效节水灌溉新技术与新型节水设备
2015 年	农业部、国家发展改革委、科技部、财政部、国土资源部、环境保护部、水利部、国家林业局	《全国农业可持续发展规划（2015-2030年）》	实施水资源红线管理、推广节水灌溉、发展雨养农业

续表

时间	政策制定单位	政策名称	设计内容
2016 年	中共中央、国务院	《关于落实发展新理念加快农业现代化实现全面小康目标的若干意见》	大力开展区域规模化高效节水灌溉行动，积极推广先进适用节水灌溉技术。稳步推进农业水价综合改革，实行农业用水总量控制和定额管理，建立节水奖励和精准补贴机制，提高农业用水效率
2016 年	国务院	《农田水利条例》	鼓励单位和个人投资建设节水灌溉设施，采取财政补助等方式鼓励购买节水灌溉设备
2016 年	发展改革委、水利部和税务总局	《关于推行合同节水管理促进节水服务产业发展的意见》	鼓励采用合同节水管理的模式，提高节水积极性
2017 年	发展改革委	《关于扎实推进农业水价综合改革的通知》	建立精准补贴和节水奖励机制，把农业节水作为方向性、战略下大事来抓
2018 年	发展改革委、财政部、水利部、农业农村部	《关于加大力度推进农业水价综合改革工作的通知》	严格落实 2018 年改革计划，年新增改革实施面积 7900 万亩以上
2018 年	国务院	《乡村振兴战略规划（2018—2022 年）》	实施国家农业节水行动，建设节水型乡村，深入推进农业灌溉用水总量控制和定额管理，建立健全农业节水长效机制和节水奖励机制
2019 年	发展改革委	《国家节水行动方案》	大力推进节水灌溉，优化调整作物种植结构，实施轮作休耕，适度退减灌溉面积，积极发展集雨节灌，增强蓄水保墒能力
2020 年	中共中央、国务院	《关于抓好"三农"领域重点工作确保如期实现全面小康的意见》	加强现代化农业设施建设，如期完成大中型灌区续建配套与现代化改造，提高防汛抗旱能力，加强农业节水力度

3.1.5.2 农业节水政策实施现状——以河套灌区为例

近年来，为了协同推进黄河流域水资源可持续利用和区域生态环境持续改善，巴彦淖尔市委、市政府高度重视水资源的节约保护和管理，尤其是在农业用水方面，积极推行了一系列以用水总量控制、水费和水价改革等为主要内容的用水管理制度，并出台了一系列推进高效节水灌溉技术建设与应用的政策措施。

2012 年，巴彦淖尔市政府办公厅出台的《巴彦淖尔市人民政府关于促进河套灌区农业节水的实施意见》提出：①深化水资源管理制度改革，明晰水量指标，强化总量控制，同时提高农民节水意识，大力推行"以供定需，以水定播，超用加价、节约奖励"节水措施，充分调动广大农民群众的节水积极性和主动性。②推进种植调整结构调整，加大滴灌、喷灌、畦种畦灌、覆膜灌溉等节水新技术的推广应用。③加快农田水利基本建设，努力提高农业灌溉节水效率，力争在3~5年内使灌区渠系水有效利用率由42%提高到45%。④深化群管体制改革，完善水价形成机制，充分发挥水价的经济杠杆作用，提高灌户的水商品意识和节水自觉性。2015年1月，巴彦淖尔市人民政府印发的《巴彦淖尔市人民政府关于实行最严格水资源管理制度的实施意见》指出：在农业用水方面，要完善灌区农业用水水量分配方案，明确旗县区取用水总量控制指标；要加大农业节水投入和扶持力度，有序推进水权试点和水权综合改革工作，切实提高农田灌溉水有效利用率。2016年，巴彦淖尔市人民政府办公厅印发的《内蒙古自治区农业水价综合改革实施方案》指出：用10年左右时间，形成能确保农田水利工程良性运行的农业水价机制，建立农业用水精准补贴和节水奖励机制，促进农业用水总量控制、定额管理和先进适用的农业节水技术措施普遍实行。2017年2月，巴彦淖尔市人民政府办公厅印发《内蒙古自治区水权交易管理办法》，旨在促进河套灌区水资源的节约保护、优化配置和高效利用，支撑当地经济社会可持续发展。2017年4月公布的《巴彦淖尔市黄河河套灌区水利工程保护条例（草案）》中指出，各级水行政主管部门应当加强农田灌溉排水的监督与指导，大力推行农田高效节水灌溉，严格执行计划用水和定额管理，加快实施灌区续建配套与节水改造工程，提高用水效率，同时要鼓励和引导农村集体经济组织、农民用水合作组织、农民和其他社会力量进行农田水利工程建设、运营和维护，保护农田水利工程设施，节约用水，保护生态环境护。2018年3月，巴彦淖尔市人民政府办公室印发的《巴彦淖尔市"四控"行动一个意见和四个办法》中明确提出了农业用水"控水降耗"实施办法，具体包括严控秋浇用水量、春灌用水定额和井渠双灌提取地下水总量，加快工程措施节水，注重农艺措施节水。2020年10月，内蒙古自治区人民政府办公厅关于印发《农业高质量发展三年行动方案（2020年—2022年）》的通知指出：要推进农业水价综合改革，完善农业节水奖励补贴和累进加价机，健全完善高标准农田设施管护机制，到2022年，高效节水灌溉面积达3000万亩以上，农田灌溉水有效利用系数达0.55以上。2020年，临河区出台了《临河区创建国家节水型城市实施方案》，明确了实施范围、组织机构等，并提出要在2022年6月底前完成国家节水型城市申报工作，力争获得"国家节水型城市"称号。

总体来看，农业节水相关政策的制定和政策体系的形成标志着我国以及河套灌区已认识到了农业水资源可持续使用的迫切性，显示了农业节水政策不断细化、政策日趋成熟的特征。但同时不管是研究区域政策还是我国节水政策均面临着一些共性问题，表现在现有水管理模式以供水管理为主，重点关注农田水利设施建设和农业节水技术推广，忽视了农户作为农业用水主体的现实身份以及用水行为的多样性，导致管控欠佳、激励不足。虽然部分文件中也提到提高农户节水参与度和积极性，但是没有细节规定，缺少相应的实施细则，可操作性和执行性有待提高。因此，农户应该是未来农业节水政策关注的重点，只有引导农户积极参与农业节水，将"要我节水"的观念转变为"我要节水"的观念，才能使农业灌溉实现真正的节水。

3.2　问卷设计

3.2.1　调研方法选择和调研过程

目前，学术界广泛使用的社会调查研究法包括问卷法、实验法、案例法等。不同方法各有利弊，其优缺点对比如表3-2所示。

表3-2　常见社会调查研究法对比

方法	优点	缺点
问卷法	调查结果容易量化；便于统计处理与分析；具有较强的外部有效性	实地调研需要花费较多时间、人力和经费
实验法	较高的内部有效性；可检验因果关系；研究对象较少；研究所需时间较短；研究所需成本相对较低	较低的外部效度；仅局限于当前或未来问题研究，不适合过去的事情；研究结论不具有普遍性
案例法	较高的外部性	研究对象的选取存在一定程度的主观随意性；较低的内部一致性
模拟法	使不能用感观了解的现象直观化；成本低，易操作	真实度较问卷法和案例法偏低

考虑到研究结论对其他群体的可推广性和实用性，本书数据的获取采取问卷

调查法，由项目组成员设计问卷、确定调研区域，针对调研样本，展开入户调查。具体调研流程如下：

第一，通过查阅大量相关文献资料，并进行分类和梳理，归纳总结农户农业节水意愿行为的内涵及可能影响因素，结合研究目标和实际情况，确定初始问卷的题目和选项。

第二，通过咨询高校教授、河套灌区相关领域内的专家学者与课题组成员，对初始问卷的题项进行讨论和论证，确保所设计的问卷具有科学性、规范性和合理性。

第三，确定调查对象。本次调研的主要目的是了解黄河流域农户农业节水意愿行为及其影响因素，而河套灌区作为黄河中游的大型灌区和重要功能区，其农户农业节水行为对整个黄河流域农业用水影响很大。因此，本书以河套灌区农户作为调研对象。此外，本书聚焦的是农业灌溉节水行为，因此本书将家里从事种植业的农户作为调研对象，以获取较为科学合理的调研数据。

第四，进行小规模预调研并确定问卷最终版本。为了更充分、科学地反映所要研究的主题，保证调研结果的真实性和可靠性，并使问卷题项更简洁易懂，调研组成员在正式调研之前，邀请相关领域专家学者和巴彦淖尔市水利局、农牧业局相关工作人员对调查问卷进行评审，然后开展小规模预调研，并根据预调研过程中发现的问题，对问卷进行修正和优化，确定问卷最终版本。

第五，正式调研。为了确保所收集数据的可靠性、典型性和代表性，正式调研综合利用判断性抽样和分层随机抽样法，采取入户调研的方式进行。首先，基于判断性抽样法选择调研区域。综合考虑河套灌区各旗县水资源利用现状和地理位置，选取乌拉特前旗、磴口县和杭锦后旗作为样本区域，所选择的样本区域涵盖了黄河流域"几"字弯沿黄流域东部、中部和西部，同时三个旗县引黄水量总计为22.573亿立方米，占河套灌区总引黄水量的47.64%；灌溉用水量占水资源总量的比重分别为96.01%、92.71%和94.53%，高于灌区平均水平值88.61%，因此所选旗县能够充分反映河套灌区农业水资源利用情况。其次，在选定调研旗县之后，采用分层随机抽样法在调研旗县内选择具体的镇、自然村以及具体目标对象。为了确保样本总体分布较为均匀，抽样标准依照每个旗县抽取3~4个镇，每个镇抽取4~5个自然村，每个村随机抽取15~30户农户作为调查样本。最终调查了3个县（市、区），11个乡（镇），59个自然村，共计发放问卷875份，收回问卷875份，剔除变量缺失严重、农户回答前后矛盾的无效问卷后，有效问卷为 793 份，问卷有效率为 93%。抽样结果如表 3-3 所示。调研过程由内蒙古农村牧区发展研究所组织，调研成员包括内蒙古农业大学经济管理学院 4 名教师、2 名博士生、7 名研究生及 8 名大四本科生组成。在调研过程中，我们采取由调研人员逐题问答并代为填写的方式进行。

表 3-3　调研抽样结果统计　　　　　　　　　单位：户

旗县	乡镇	自然村	受访农户数量
乌拉特前旗	额尔登布拉苏木	阿日齐嘎查、赛湖洞、公忽洞、阿力奔	82
	苏独仑	召圪台社、苏独仑村、苏独仑分产一社、永和村	67
	新安镇	张银楼、生洼地、前进村、先进村	77
	大佘太镇	忠厚堂、三份子	36
磴口县	乌兰布和农场	一分场、三分场、五分场、七分场	81
	渡口镇	东地村、新地村、大滩村、南尖子	83
	补隆淖镇	团结村、河壕村、友谊村、新河村	78
杭锦后旗	团结镇	明治桥村二社、明治桥村四社、立新村三社、立新村五社、竞丰村	95
	沙海镇	向阳村一社、向阳村七社、丰产村八社、沙海村四社、沙海村六社	82
	头道桥镇	挪二村、民丰村、列丰村、联丰村	89
	蒙海镇	西渠口村、永明村、新渠村、柴脑包村	105

3.2.2　调研内容设计

本书调查问卷共包含七个部分。第一部分是问卷说明，包含问卷主题、问卷填写方式、受访者权益保护，以及受访者所在旗县、乡镇、自然村等信息。同时，为了后续信息核查及回访，此处还登记了受访者的联系方式。第二部分是受访者个人基本信息，包括性别、出生年份、受教育程度、身体状况及职业等。第三部分是 2020 年家庭基本情况，包括家庭收入、家庭规模及农业生产情况。第四部分是农户用水行为特征。第五部分是农户农业节水行为意愿。第六部分是农户心理因素变量，包括农户生态环境价值观、环境责任感、水资源稀缺性感知、主观规范、自我效能、行为态度和环境认同，以此获得农户对农业节水行为的心理认知和情感体验。第七部分是外部情境因素变量，包括节水社会规范、激励型政策、命令控制型政策和宣传教育型政策。需要注意的是，在实地调研过程中所挑选的受访者为户主或家庭经济主要决策者；所登记的家人是指常年生活在一起，共用一个资金池的诸多个体。

3.3　研究变量的设计与测度

3.3.1　农户农业节水行为测度

在理论基础部分，本书对农业节水行为进行了界定，是指基于个人情感等心理因素，通过减少灌溉面积、采纳农业节水技术、修建维护水渠等相关行为来减少农业用水的消耗，进而缓解农业用水压力和问题。通过梳理关于农业亲环境行为的相关文献，可以发现：

第一，个体的行为决策不总是有意识的主动过程，在很多时候是无意识的被动选择结果[219]。固有习惯的无意识入侵是导致个体产生某种行为的重要原因之一。此外，个体的价值观、认知等因素也可以在无意识层面发挥作用，通过习惯来影响个体的行为[220-221]。可以看出，由于价值观、认知等因素的存在，个体会习惯性地发生某种行为，我们称为习惯型行为。同理，农户在农业生产过程中也存在习惯型行为。Wood 和 Rnger 将习惯界定为某一具体情境下自动引发的特定行为反应[222]。参考其关于习惯的界定，本书认为，习惯型节水行为是指农户在农业灌溉的过程中由于反复在某一特定的情境线索中（如时间、地点等）执行某一特定的行为而逐渐形成"情境—反应"的固定联结，简而言之，农户进行农业节水行为是出于一种习惯的农业生产行为活动。

第二，农户作为有限理性经济人采取亲环境行为，不总是基于习惯而产生。作为一个有理性思维能力的个体，农户会在利益的驱使下作出生产决策[198]。在农业节水行为中，个体会出于成本、收益的考量，采纳一些先进的农业节水技术（如深耕松土、调整农作物种植结构、覆膜保墒等），我们将这种积极采纳农业节水技术的行为定义为技术型农业节水行为。

第三，Chen 等指出，具有消极属性的环境行为不仅体现为直接自身损害环境的行为，还有对"破坏环境行为的漠视"，他认为虽然漠视的个体并非负面行为的产生者，但却是造成环境破坏的相关者，因为个体在心理趋势、态度与行为上放任了负面的环境行为，表现出了低的环境责任感，不利于生态文明建设[198]。根据马克思的观点，人是社会关系的产物，在所处的社会群体中，个体之间产生一种无形的社会影响，并形成一种隐性示范。因此，农户农业节水行为不应仅局限在农户个体对自身行为的规范，还应积极呼吁和号召他人共同参与农业节水行为、监督他人并及时向村委会或其他相关领导人员反映浪费水的行为。我们将这种带动他人节水的行为称为社交型节水行为。

第四，人类活动与环境问题息息相关，每一个社会成员都是社会环境和自然环境的主人，承担着建设并维护社会和自然环境的职责和义务[223]。当个体认识到自己作为环境的一员，对于环境的建设和保护具有不可推卸的社会责任和义务时，就会反思当下行为对环境及资源可持续利用所带来的负面影响，从而由内而外自发地开始规范自己的行为。在本书中表现为农户将节约农业水资源视作一种社会担当和责任，自发进行农业节水的行为，我们将这类行为称为公民型节水行为，即农户进行农业节水行为是出于对社会的责任意识和公民意识。

综上所述，本章基于农户农业节水行为的动机和表现形式，将农业节水行为划分为习惯型节水行为、技术型节水行为、社交型节水行为和公民型节水行为四种类型。在设置题项时，分别采用若干个题项对四种农业节水行为进行测量，具体测量题项如表3-4所示。每个测量题项均采用李克特5级量表制，1~5分别代表受访农户对每个题项所涉及的行为的采纳程度，其中，1表示从未如此，2表示几乎很少如此，3表示偶尔如此，4表示大多数时候如此，5表示经常如此。

表3-4 农业节水行为测量量表

农业节水行为 子范畴	测量题项	编码
习惯型节水 行为（HB）	您在灌溉过程中会永久监控	TIT1
	您会根据农作物的需水性调整浇水量	TIT2
	您会经常查看并修复磨损的灌溉渠道，确保灌溉渠道不漏水	TIT3
技术型节水 行为（TB）	您会通过覆盖地膜保水节水	TIT4
	您会选种抗旱农作物以减少灌溉次数或灌溉用水量	TIT5
	您会选择使用滴灌、喷灌等农业节水技术以提高产量或实现节水	TIT6
	您会通过深耕松土的方式节约灌溉用水	TIT7

续表

农业节水行为 子范畴	测量题项	编码
社交型节水 行为（SB）	在田地里发现浪费水的现象会主动阻止或汇报给村干部	TIT8
	主动劝说家人、亲戚、朋友节约农业用水或分享节水经验	TIT9
	关注关于农业节水的宣传教育活动	TIT10
公民型节水 行为（CB）	您会为不影响他人或后代用水而节约农业用水	TIT11
	您会因出于责任和义务的考虑节约农业节水	TIT12
	您会出于促进水资源保护的目的节约用水	TIT13

3.3.2　农户农业节水行为意愿测度

根据行为经济学，微观个体行为的意愿是个体进行某项行动的内心倾向，是从事某种特定行为的主观概率，主要表现为对该行为参与的意愿程度[224]。在本书中，农户的农业节水行为意愿是其为了实施农业节水行为愿意付出的努力和花费的时间。针对每个测量题项均采用李克特 5 级量表制，1~5 分别代表受访农户对每个题项所涉及的行为的采纳意愿程度，其中，1 表示非常不愿意，2 表示比较不愿意，3 表示一般，4 表示比较愿意，5 表示非常愿意，具体测量题项如表 3-5 所示。

表 3-5　农业节水意愿测量量表

	测量题项	编码
农业节水意愿子范畴（WS）	我愿意参与农业节水活动	TIT14
	我计划参与农业节水活动	TIT15
	我会努力参与农业节水活动	TIT16

3.3.3　农户心理因素测度

3.3.3.1　生态环境价值观

生态环境价值观属于"价值观"范畴，其含义是指个人基于自己的人生观对环境及环境问题的根本看法[225]，反映的是人与自然之间的价值关系[226]，是一个具有多维度的心理系统。根据 Stern 的"环境—信念—规范"经典理论，环境价值观包含利己价值观、利他价值观和生态价值观三个维度。其中，认同利己价值观的个体以个人利益为中心，认为环境问题影响的是个体利益，通常关注环境问题对自身利益影响的信念；认同利他价值观的个体通常关注环境问题对他人和长远利益影响的信念；认同生态价值观的个体以自然环境固有的价值为中心，往往将环境保护看作人生重要的追求目标[227-228]。在本书中，生态环境价值观是指以科学、合理的农业用水观念指导农业用水行为，具体测量题项如表 3-6 所示。

表 3-6　生态环境价值观测量量表

	测量题项	编码
生态环境价值观子范畴（Evp）	农业节水比增产更重要	TIT17
	黄河流域中上游用水不节制，会造成下游用水紧缺	TIT18
	节约农田灌溉用水有利于保护水资源生态环境平衡	TIT19

3.3.3.2　环境责任感

环境责任感作为行为决策的重要因素已被多次验证并测度。关于环境责任感的测量标准也不尽相同。在维度选择上有多维度测量，也有单一维度测量。如崔维军等从"环境问题关注度、公共物品保护意识、遵守交通规则、遵守政策规定、遵守法律法规"五个层面出发对责任感进行测度[229]。廖冰和张晓琴用"自我保护生态环境程度"一个题项测度生态责任感[230]。此外，还有学者从"有无""程度"两个角度出发对环境责任感进行分类。如聂伟用"像我这样的人很难为环境保护做什么""即使要花费更多的钱和时间，我也要做有利于环境的事""生活中还有比环境保护更重要的事情要做""除非大家都做，否则我保护环境的努力就没有意义"4 个题项测度环境责任感的有无，用"为了保护环境，您在多大程度上愿意降低生活水平"1 个题项测度环境责任感程度[231]。类似地，魏静等用"你是否支持可再生能源的发展？"测度环境责任感的有无，用题项"如果会，跟煤炭发的电相比，你愿意为每度可再生能源发的电多支付多少元钱？"衡量环境责任感程度的大小[32]。

考虑到相比单一维度的测量，多维度测量更能全面反映环境责任感的内涵，本书借鉴盛光华、郭清卉等的研究成果[232-233]，基于个体责任视角构建环境责任感变量。具体题项如表 3-7 所示。

表3-7　环境责任感测量量表

	测量题项	编码
环境责任感子范畴（Erp）	节约水资源是政府的责任，与您无关	TIT20
	您会因为没有节约用水造成水资源浪费而感到愧疚	TIT21
	我们有责任节约农田灌溉用水以缓解当前水资源短缺压力	TIT22

3.3.3.3　水资源稀缺性感知

根据微观经济学原理，资源的稀缺是相对于需求量而言的，指的是人类所能获得资源的数量是有限的[40]。借鉴微观经济学原理关于资源稀缺性的定义，农户层面的水资源稀缺性是指影响农业生产或者灌溉决策的水资源从长远来看可获得性是有限的[234]。水资源稀缺性感知是农户对水资源获取数量和未来可用程度稀缺性的心理认知。参考已有研究关于水资源稀缺性的度量[235-236]，本书从水价感受、水位下降认知和灌溉感受等四个方面衡量水资源稀缺性感知，最终列出水资源稀缺性感知指标体系，具体题项如表3-8所示。

表3-8　水资源稀缺性感知测量量表

	测量题项	编码
水资源稀缺性感知子范畴（Wsp）	村里农业灌溉水费比较贵	TIT23
	村周围的地下水水位一年比一年深	TIT24
	存在灌溉不及时或灌溉不足的情况	TIT25
	村子里的水资源是比较短缺的	TIT26

3.3.3.4　主观规范

主观规范是指主体在行为决策时感受到的来自周围其他人或群体的有形的或无形的社会压力，反映了其他人或团体对个体行为决策的影响[237]。个体主观规范的大小指的是周围个人或群体对主体行为影响的程度[238]。按照影响程度的大小，可将主观规范划分为指令性规范和示范性规范两类[239]。在本书中，借鉴Damalas的做法[240]，根据农户对"采纳农业节水行为时是否感受到的社会压力"题项的回答来测度个体主观规范，测量题项如表3-9所示。

表 3-9 主观规范测量量表

测量题项		编码
主观规范测量子范畴（Snp）	亲戚朋友对您的农业节水行为决策影响较大	TIT27
	同村种植大户对您的农业节水行为决策影响较大	TIT28
	村干部对您的农业节水行为决策影响与帮助很大	TIT29

3.3.3.5 自我效能

很多学者对自我效能感进行了测量。周春晓和严奉宪基于农业自然灾害的抵抗和灾后恢复两个层面，从水平、强度、普遍性三个角度，采用五个题项对自我效能感进行了测量，分别是：发生短期暴雨或干旱，我家有能力保护房屋和庄稼；发生长期暴雨或干旱，我家有能力保护房屋和庄稼；我家有能力应对农业灾害；农业灾害发生后，我家有能力修复房屋；农业灾害发生后，我家有能力恢复农业生产[241]。张娇等基于自我效能感是农民对应对亲环境行为的难度、自身资本等对自身未来应对行为能力的判断的观点，采用以下三个题项对自我效能感进行了测量：有能力实施秸秆亲环境处理；有时间实施秸秆亲环境处理；有条件实施秸秆亲环境处理[104]。Keshavarz 和 Karamia、Gebrehiwot 和 Veen 则认为自我效能感是受访者对自己实际实施某种具体措施的能力的看法，并以此来衡量自我效能感[242-243]。

本书通过变量"自我效能"探索个体对农业节水行为难易程度的心理感知，借鉴上述研究，采用三个题项对自我效能感进行测量，具体题项如表 3-10 所示。

表 3-10 主观规范测量量表

测量题项		编码
自我效能子范畴（Sep）	我有时间和精力做到灌溉过程中不浪费水	TIT30
	我觉得参与农业节水活动对我来说并不难	TIT31
	我有条件学会一些农业节水知识和技术	TIT32

3.3.3.6 节水态度

本书中节水态度是指农户对农业节水行为的预期效益、认可程度以及由此形成的态度。因此，根据态度的定义，参考李献士的量表[244]，本书选取四个题项进行度量（见表 3-11）。

表 3-11　行为态度测量量表

	测量题项	编码
节水态度测量子范畴（Bop）	积极参与农业节水活动对保护水资源作用很大	TIT33
	通过号召农业节水行动来减少灌溉浪费水是一个好主意	TIT34
	参与农业节水行为是令人愉快的事情	TIT35
	参与农业节水活动对提高用水效率是有帮助的	TIT36

3.3.3.7　环境行为认同

认同是指个体或组织在社会活动中对某类行为、观念的内在认可或共识，通过这些认可或共识形成自己的理想、信念，并引导自己在社会实践中的行动方向。在亲环境行为研究中，认同又被进一步精确划分为群体认同、阶层认同、社会认同、性别角色认同等[245-247]。Weigeit 首先提出环境认同理论[248]。此后，Stets 和 Burke 将环境认同界定为人与自然环境相关联时所赋予自我的意义[249]。借鉴 Stets 和 Burke 的观点，本书认为基于亲环境行为角度的环境认同应该凸显人与自然环境的关系，反映的是个体对于自身亲环境行为身份、行为效果的认同。目前关于环境认同的测量量表也较为成熟，如李献士用"采用环境友好方式消费是环保人士重要的一部分""我是一类环境友好方式行事的人""我认为自己是环保组织的一分子""作为低碳环保一族我很自豪""我喜欢人们把我看成环保组织的人"五个题项来测量[244]。Werff 等采用"环境友好方式消费是我重要的一部分""我是一类采用环境友好方式行事的人""我认为自己是一个环境友好的人"三个量表来测量环境认同[250]。参考李献士和 Werff 等的量表[244,250]，本书采用四个题项进行测量，具体题项如表 3-12 所示。

表 3-12　环境行为认同测量量表

	测量题项	编码
环境行为认同子范畴（Sip）	我是一个节约农业用水的人	TIT37
	我是一个关心水资源环境的人	TIT38
	我是一个致力于节约用水的人	TIT39
	作为水资源环境保护者，我很自豪	TIT40

3.3.4　外部情境因素测度

3.3.4.1　政策情境因素测度

农户是农业生产的主体，引导其自觉地践行亲环境的农业生产模式已成为促进资源可持续利用和减少农业生产污染的主要政策选择。借鉴经合组织（OECD）的建议，本书将政策因素划分为三类，分别为激励型政策因素、命令控制型政策因素、宣传教育型政策因素。

（1）激励型政策工具测量题项。

对于激励型政策工具的测量，学者们普遍采用的是经济激励。农户作为有限理性经济人，经济补贴一直是促进其亲环境行为的重要激励手段，且经济激励作为促进农户亲环境行为的重要动力因素也得到了广泛验证。如李成龙等在使用江苏省农药包装废弃物回收试点地区数据研究农药包装废弃物回收行为时发现，农户在获得补贴的情况下，其参与农药包装废弃物回收的积极性会更加高涨[141]。滕玉华等研究发现经济激励政策对农户清洁能源购买行为有直接正向影响[251]。在农户节水行为中，经济激励主要表现在对农业节水行为进行的较为常见的市场调控，如政府出资挖机井或协助购买节水设施等[252]。理论研究表明，农业节余水权转换收益也是激励农业用水户节约农业用水的有效途径[253]。鉴于目前黄河流域尚未建立严格意义上的水市场，也不存在市场形式的水权交易机制，农户无法通过变更自己的用水计划和行为提高水资源利用效率和效益。因此，关于农业节余水权转换收益激励政策的测量题项设计为"在给定用水量的情况下，节省的农业用水量可以卖出，您是否愿意参与农业节水活动"，根据受访者对该题项的回答来粗略估计水权市场的建立是否会影响农户的节水行为。此外，还考虑了声誉激励对农户农业节水行为的影响。在我国农村典型的熟人社会中，农户之间交流较为频繁，关系较为紧密，声誉激励带来的影响作用更为明显。因此，农户对行为进行决策时不仅是经济理性的，同时也是"社会理性"的，声誉的提升会给行为主体带来满足感。基于上述分析编制如表 3-13 所示的测量题项。

表 3-13　激励型政策工具测量量表

	测量题项	编码
激励型政策工具（IP）	如果能够获得一些补贴，我愿意采用农业节水技术或参与农业节水活动	TIT41

续表

	测量题项	编码
激励型政策工具（IP）	在给定用水量的情况下，节省的农业用水量可以卖出，您更愿意参与农业节水活动	TIT42
	如果对农业节水行为给予良好的荣誉或良好的榜样家庭称号，对促进农业节水行为效率会更高	TIT43

（2）命令控制型政策工具测量题项。

命令控制型政策是指借助政府的行政命令、强制性规定等诸多管理手段监督、引导个体亲环境行为的发生[205]。如史海霞从罚款、强制性规定、有奖举报三个方面对城市居民 PM2.5 减排行为命令控制型工具变量进行了测度[163]。李献士关于命令控制型工具的测度主要侧重对各行为法规的设置，如政府在促进节能产品消费、个人环保行为、减少能源消费及回收废旧物品等方面的政令法规[244]。命令控制型农业节水措施包括再分配地表水，以人定地；定额管理，以地定水；提高水价，实行超定额累进加价制度等[254]。结合样本区域实际特征，本书中命令控制型政策具体包括社会监督、政策法规建立和增收超额水费。命令控制型政策工具测量量表如表 3-14 所示。

表 3-14　命令控制型政策工具测量量表

	测量题项	编码
命令控制型政策型工具（CP）	村委会的强制性规定、监督使我参与农业节水行动	TIT44
	政府出台相关水资源保护政策会提升我农业节水意识和行为	TIT45
	增收超额水费使我参与农业节水行动	TIT46

（3）宣传教育型政策工具测量题项。

宣传教育型政策是指政府部门或非官方组织借助各种媒介手段（如网络、电视、广播、书籍、报刊等）对个体亲环境行为相关背景知识、手段、方法等进行宣传和教育，进而鼓励和引导个体积极实施亲环境行为[163]。相关量表包括：余福茂在研究情境因素对城市居民废旧家电回收行为影响时，对于垃圾分类的宣传力度、宣传效果等方面共设置五个题项对垃圾回收行为的宣传教育进行了度量[255]。潘丹和孔凡斌用技术培训和示范两个子范畴对政策干预中的知识传播变量进行了测度[256]。Huang 用电视、报纸和互联网对全球气候变化的报道来测度沟通扩散量表[257]。借鉴上述研究，本书拟从"水资源稀缺性"的宣传，"节水技术、知识"的宣传等方面构建宣传教育型政策因素。具体测量量表如表 3-15 所示。

表 3-15　宣传教育型政策工具测量量表

	测量题项	编码
宣传教育型政策工具测量子范畴（EP）	政府对水资源保护的宣传能够使我更加关注农业用水问题	TIT47
	知道如何进行农业节水，对我是否采取节水行为很重要	TIT48
	政府提供高效农业节水技术培训可提高节水技术的使用率	TIT49

3.3.4.2　农业节水社会规范测度

社会规范是指一个特定群体或团体成员所感知的规则、制度和价值标准[258]，通过强化个体内在的道德责任感，使其认为自身有义务按此行动[259]。关于社会规范的测度，有学者基于社会规范的表现形式，将社会规范划分为描述性社会规范与命令性社会规范两类，通过选取多维指标，构建综合社会规范综合指数[260]。也有学者采用"村庄规章制度执行水平""周围人态度""农户间团结程度"三个单一指标来量化社会规范[261]。结合已有测量题项和本书研究目的，从表 3-16 中的三个方面进行测度。

表 3-16　农业节水社会规范测量量表

	测量题项	编码
农业节水社会规范测量子范畴（SN）	大多数村民赞成农业节水行动有利于保护水资源环境	TIT50
	村里有很多人参与农业节水行为	TIT51
	有一种社会压力促使我参与农业节水行为	TIT52

3.3.5　社会人口学变量测度

本书选择性别、年龄、受教育程度、是否为村干部、兼业状况五个因素作为个体特征差异分析的维度，选取家庭劳动力占比、耕地破碎化程度、家庭收入三个变量作为家庭特征因素。其中，年龄和受教育程度均根据受访者的实际年龄和实际受教育年限来衡量；是否为村干部衡量的是受访者曾经或现在是否为村干部；兼业状况询问是否从事非农劳动；家庭劳动力占比用农业劳动力与家庭人口规模的比值来衡量；耕地破碎化程度用家庭耕地面积与地块数的比值来衡量；家庭收入用年毛收入来衡量。

3.4 农户农业节水行为统计分析

3.4.1 农业节水行为现状

表 3-17 给出了农业节水行为和农业节水行为意愿描述性统计分析结果。从农业节水行为方面来看，本书中四类农业节水行为各个题项均采用的李克特 5 分等级进行测度，当题项得分值小于 3 时，代表个体几乎不发生题项所涉及的行为。整体来看，习惯型农业节水行为均值为 3.337，技术型农业节水行为均值为 3.139，两者均介于"偶尔发生""大多数如此"，社交型农业节水行为和公民型农业节水行为均值均小于 3，表明样本区域农业节水实施行为有待提高。公民型农业节水行为均值最小（2.856），表明公民型农业节水行为实施最差，公民节水意识亟待加强。

表 3-17 农业节水行为描述性统计分析结果

变量	均值	标准差	变量	均值	标准差
习惯型农业节水行为	3.337	0.862	技术型农业节水行为	3.139	0.747
社交型农业节水行为	2.943	0.780	公民型农业节水行为	2.856	0.887
农业节水意愿	3.744	0.831			

图 3-1 给出了四类型农业节水行为各指标题项得分频数统计结果，可以看出，在习惯型农业节水行为中，75.7%的农户表示至少能够"偶尔做到"在灌溉过程中实现永久监控；当被询问"会根据农作物的需水性调整浇水量吗"，4.4%的农户表示"从未如此"，10.2%的农户表示"几乎很少如此"，60.4%的农户表

示"偶尔"或"大多数时候如此"，24.8%的农户表示"经常如此"；当被询问"会经常查看并修复磨损的灌溉渠道吗"，超过39.1%的农户对此表现"从未如此"或"几乎很少如此"。

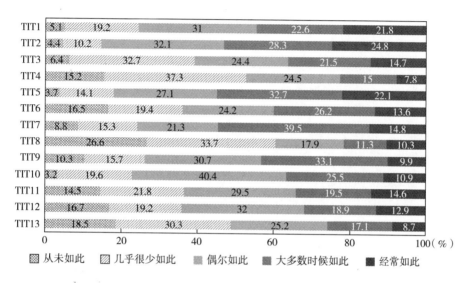

图3-1　农业节水行为各指标题项得分频数统计

在技术型农业节水行为中，当被询问"您会选择使用滴灌、喷灌等农业节水技术以提高产量或实现节水"时，16.5%的农户表示"从未如此"，19.4%的农户表示"几乎很少如此"；当被询问"您会通过深耕松土的方式节约灌溉用水"时，超过一半的农户表示"大多数时候如此"或"经常如此"；当被询问"您会选种抗旱农作物以减少灌溉次数或灌溉用水量"时，54.8%的农户表示"大多时候如此"或"经常如此"，27.1%的农户表示"偶尔如此"，将近17.8%的农户表示"几乎很少如此"或"从未如此"；此外，75.6%的农户表示会通过覆盖地膜实现保水节水。进一步询问部分对上述技术型农业节水行为采纳程度均不理想的农户"为什么不采纳上述行为以实现节水"时，他们表示目前普遍以亩收费的方式使得通过节水实现减少水费支出作用有限，上述节水行为费时费力，且存在风险，但预计可获得的收益较少，因此不愿意采纳。

社交型农业节水行为中，接近2/5的农户表示能做到在田地里发现浪费水的现象会主动阻止或汇报给村干部；超过7/10的农户表示会主动劝说家人、亲戚、朋友节约农业用水或分享节水经验；10.9%的农户表示能经常做到关注关于农业节水的宣传教育活动，同时还有 22.8% 的农户表示"几乎很少"或"从未如此"关注过农业节水的宣传教育活动。

在公民型农业节水行为中，63.6% 的农户表示会为不影响他人或后代用水而节约农业用水，14.5% 的农户表示"从未如此"；63.8% 的农户表示出于责任和义务的考虑节约农业节水，同时也有 16.7% 的农户表示"从未如此"；8.7% 的农户表示会出于促进水资源保护的目的经常实施节约用水行为，但 48.8% 的农户表示"从未如此"或"几乎很少如此"。

综合来看，对于一些时间、经济和精力成本比较低的农业节水行为，如灌溉过程中的监控，多数受访者表示能这么做；而对于一些存在投资风险的行为，如采纳滴灌等农业节水技术，受访户实施热情不高。可见，在推进农业节水行为过程中，适当的经济激励是有必要的。

由表 3-17 可知，农业节水意愿均值为 3.744，高于四类农业节水行为，表明部分存在农业节水意愿的农户并没有实施农业节水行为，即存在意愿与行为的"背离"。由农业节水意愿指标题项得分频数统计可以看出（见图 3-2），14.2% 的农户表示不愿意参与农业节水活动，16.1% 的农户表示计划参与农业节水活动，15.3% 的农户表示会努力参与农业节水活动。同时分别有 26.4%、28.6% 和 31.9% 的农户对上述描述持中立的态度。剩余农户表示愿意实施上述行为。总体来看受访农户对农业节水行为参与意愿较高。

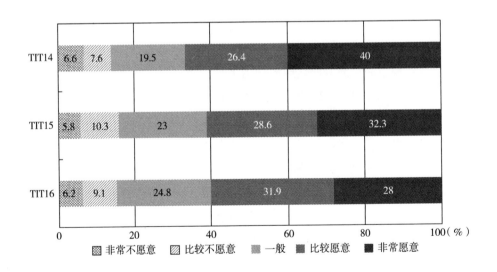

图 3-2　农业节水意愿各指标题项得分频数统计

3.4.2　受访户个人禀赋特征

3.4.2.1　受访者性别

从受访者的性别来看，男性有 666 人，女性有 127 人，占比分别为 84% 和 16%，表明男性仍然是我国农村农业生产的主力和家庭生产经营的决定者。

3.4.2.2　受访者年龄

图 3-3 给出了受访者年龄分布情况，可以看出，30 岁及以下人群占比为 1.89%，31~40 岁人群占比为 6.94%，41~50 岁人群占比为 26.48%，51~60 岁人群占比为 43.25%，61 岁及以上人群占比为 21.44%，主要集中于 51~60 岁的人群。由此表明，样本区域农业生产呈现"老人农业"的特点，这与我国整体农业劳动力老龄化趋势不断加深的现象基本一致[262]。

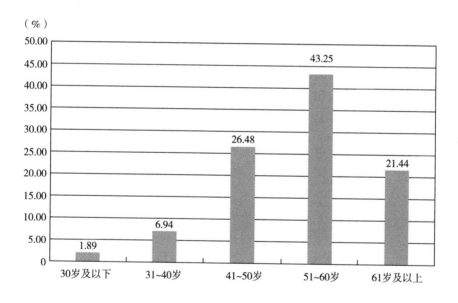

图 3-3　受访者年龄分布情况

3.4.2.3　受访者受教育程度

从图 3-4 受访者受教育程度分布情况可以看出，高中及以上学历占比仅为 11.85%，表明受访区域农户的受教育程度整体偏低。

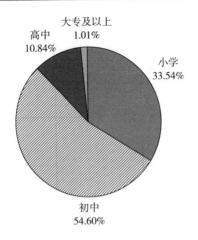

图3-4 受访者受教育程度分布情况

3.4.2.4 是否为村干部

样本中担任或曾担任村干部的有133人，占比为16.7%。

3.4.2.5 在村居住时间

样本中在村居住时间为12个月的有754人，占比为95.1%，表明样本区内农户仍以种养殖业为主，兼业化现象不明显。

3.4.3 受访户家庭禀赋特征

3.4.3.1 家庭劳动力占比

根据农户家庭劳动力占比的调查结果，家庭劳动力占比为1的农户家庭为352户，占比为44.3%；家庭劳动力占比小于1/4的农户家庭数为216户，占比为27.23%。平均家庭劳动力占比为0.6。

3.4.3.2 耕地破碎化程度

根据农户家庭耕地破碎化程度的调查，家庭耕地块数最多为120块，单块面积最大为63亩，最小为0.6亩，单块面积小于4亩的户数占比为41.5%，平均单亩耕地面积为6.79亩，表明调查区域土地零星分布的现象较为普遍。

3.4.3.3 家庭收入

根据农户家庭收入情况统计可以看出（见图3-5），受访家庭收入状况差距较大，最高收入为20万元，最少收入为1200元；大多数农户家庭收入为5万~10万元，占比为26.73%；其次为3万~5万元，占比为19.80%；最少为1万元及以下，占比为 15.64%。

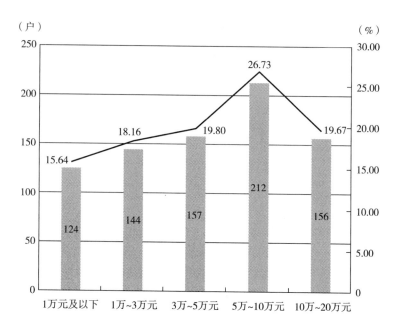

图 3-5　农户家庭收入情况统计

3.4.4　考察量表交叉分析

本节通过采用独立样本 T 检验、单因素方差分析和均值比较分析，探讨在个体禀赋特征和家庭禀赋特征下农业节水行为的差异。

3.4.4.1　性别

性别独立样本 T 检验和均值比较结果如表 3-18 和表 3-19 所示。可以发现，性别变量对习惯型农业节水的影响显著，但对技术型农业节水行为、社交型农业节水行为和公民型农业节水行为的影响效应不显著，也就是说，在技术型农业节水行为、社交型农业节水行为和公民型农业节水行为上没有性别差异。从组间均值来看，男性相比女性更倾向于采纳习惯型农业节水行为。这与马椿荣的研究结论相矛盾[263]，可能的原因是，在我国传统的男耕女织农村社会背景下，相较于女性，男性对农业生产更为关注，实践经验更为丰富。

表 3-18　基于性别差异的独立样本 T 检验结果

分组依据		莱文方差等同性检验		平均值等同性 t 检验						
		F	显著性	t	自由度	Sig.（双尾）	平均值差值	标准误差差值	差值95%置信区间	
									下限	上限
习惯型节水行为	假定等方差	4.196	0.041	2.394	791.000	0.017	0.180	0.075	0.032	0.327
	不假定等方差			2.149	162.750	0.033	0.180	0.084	0.015	0.344
技术型节水行为	假定等方差	0.009	0.925	1.586	791.000	0.113	0.121	0.077	-0.030	0.272
	不假定等方差			1.563	175.100	0.120	0.121	0.078	-0.030	0.275
社交型节水行为	假定等方差	1.514	0.219	0.780	791.000	0.435	0.058	0.074	-0.090	0.204
	不假定等方差			0.737	169.110	0.462	0.058	0.079	-0.100	0.214
公民型节水行为	假定等方差	0.278	0.598	-0.645	791.000	0.519	-0.040	0.059	-0.150	0.077
	不假定等方差			-0.679	186.170	0.498	-0.040	0.056	-0.150	0.072

表 3-19　基于性别差异的农业节水行为组间均值比较

分组依据	均值			
	习惯型农业节水	技术型农业节水	社交型农业节水	公民型农业节水
男性	3.960	3.623	3.625	4.243
女性	3.781	3.502	3.567	4.281

3.4.4.2　年龄

从表 3-20 单因素方差分析结果可以看出，年龄对习惯型农业节水行为、社交型农业节水行为和公民型工业节水行为均有显著性影响，而对技术型农业节水行为无显著效应。均值比较结果表明（见表 3-21），三类农业节水行为在年龄分布上均呈现倒"U"形关系，41~50 岁年龄段的农民更加关注习惯型农业节水；31~40 岁年龄段的个体更加关注技术型农业节水；51~60 岁阶段的个体更加关注公民型农业节水问题。上述结论表明，相对于老年人，处于中间年龄段的个体思想活跃，学习新知识能力强，能够较快学会农业节水方法，而相对于年轻人而言，年长者随着年龄的增加，对于环境保护的意识会增强[264]。

表 3-20　基于年龄差异的单因素方差分析

分组依据		平方和	自由度	均方	F	显著性
习惯型	组间	45.171	49.000	0.922	1.583	0.008
	组内	432.596	743.000	0.582		
	总计	477.768	792.000	—		
技术型	组间	49.596	49.000	1.012	1.686	0.003
	组内	446.126	743.000	0.600		
	总计	495.722	792.000	—		
社交型	组间	36.010	49.000	0.735	1.265	0.11
	组内	431.656	743.000	0.581		
	总计	467.666	792.000	—		
公民型	组间	30.131	49.000	0.615	1.762	0.001
	组内	259.270	743.000	0.349		
	总计	289.401	792.000	—		

表 3-21　基于年龄差异的农业节水行为均值比较

分组依据	均值			
	习惯型农业节水	技术型农业节水	社交型农业节水	公民型农业节水
30 岁及以下	3.313	3.397	3.187	3.379
31~40 岁	3.715	3.815	3.378	4.188
41~50 岁	4.009	3.613	3.662	4.212
51~60 岁	3.956	3.582	3.662	4.314
61 岁及以上	3.909	3.587	3.579	4.261

3.4.4.3　受教育程度

基于受教育程度的单因素方差分析（见表 3-22）结果可以看出，受教育程度对习惯型农业节水行为、技术型农业节水行为、社交型农业节水行为和公民型农业节水行为均有显著影响。进一步由均值结果可以看出（见表3-23），受教育程度提高能显著促进农户的农业节水行为。以上结论表明，教育程度越高者越重视资源环境本身，原因可能在于受教育水平较高的农户能接收更多的相关知识，对水资源环境问题较为重视，节约资源觉悟高，因此更愿意通过自身的行为来维持水资源平衡。

表3-22　基于受教育程度差异的单因素方程分析

分组依据		平方和	自由度	均方	F	显著性
习惯型	组间	11.156	3.000	3.719	6.288	0.000
	组内	466.612	789.000	0.591		
	总计	477.768	792.000	—		
技术型	组间	22.201	3.000	7.400	12.331	0.000
	组内	473.521	789.000	0.600		
	总计	495.722	792.000	—		
社交型	组间	17.280	3.000	5.760	10.091	0.000
	组内	450.386	789.000	0.571		
	总计	467.666	792.000	—		
公民型	组间	6.409	3.000	2.136	5.956	0.001
	组内	282.992	789.000	0.359		
	总计	289.401	792.000	—		

表3-23　基于受教育程度差异的农业节水行为均值比较

分组依据	均值			
	习惯型农业节水	技术型农业节水	社交型农业节水	公民型农业节水
小学	3.789	3.385	3.431	4.139
初中	3.993	3.498	3.693	4.291
高中及中专	4.054	3.727	3.818	4.394
大专及以上	4.478	3.756	4.005	4.417

3.4.4.4　村干部身份

基于村干部身份差异的单因素独立样本 T 检验的结果（见表3-24）表明，是否当过村干部对习惯型农业节水行为、社交型农业节水和公民型农业节水的影响显著，但对技术型农业节水行为的效应不显著。从均值比较（见表 3-25）来看，当过村干部的农民更倾向采纳习惯型农业节水行为、社交型农业节水行为和公民型农业节水行为。可能的原因是村干部作为村里的带头人，有较高的思想觉悟，较为支持和拥护政府推广的农业节水活动。但是针对可能具有风险属性的技术型农业节水行为，作为理性小农，其干部身份影响作用相对较弱。

表 3-24　基于村干部身份差异的独立样本 T 检验结果

分组依据		莱文方差等同性检验		平均值等同性 t 检验						
		F	显著性	t	自由度	Sig.（双尾）	平均值差值	标准误差差值	差值95%置信区间	
									下限	上限
习惯型节水行为	假定等方差	4.265	0.039	2.759	791.000	0.006	0.203	0.074	0.059	0.347
	不假定等方差			3.104	215.365	0.002	0.203	0.065	0.074	0.332
技术型节水行为	假定等方差	1.231	0.268	1.407	791.000	0.160	0.106	0.075	-0.041	0.253
	不假定等方差			1.503	202.381	0.134	0.106	0.070	-0.033	0.244
社交型节水行为	假定等方差	0.081	0.776	2.798	791.000	0.005	0.204	0.073	0.061	0.346
	不假定等方差			2.860	193.109	0.005	0.204	0.071	0.063	0.344
公民型节水行为	假定等方差	0.234	0.629	3.511	791.000	0.000	0.200	0.057	0.088	0.312
	不假定等方差			4.080	224.765	0.000	0.200	0.049	0.104	0.297

表 3-25　基于村干部身份差异的农业节水行为均值比较

分组依据	均值			
	习惯型农业节水	技术型农业节水	社交型农业节水	公民型农业节水
当过村干部	4.100	3.692	3.785	4.416

续表

分组依据	均值			
	习惯型农业节水	技术型农业节水	社交型农业节水	公民型农业节水
未当过村干部	3.897	3.586	3.581	4.216

3.4.4.5 在村居住时间

基于在村居住时间差异的单因素方程分析结果（见表3-26）表明，在村居住时间对习惯型农业节水行为、技术型农业节水行为、社交型农业节水和公民型农业节水的影响显著。从均值比较（见表3-27）来看，在村居住时间越长的农户越倾向采纳农业节水技术行为。可能的解释是，一方面，在村居住时间越长，则农户家庭就越可能有足够时间进行农业生产和参与农业节水行为；另一方面，在村居住时间越长，则其对水资源环境与农业生产关系的认识水平越高，且在村居住时间越长的劳动力，在行为改善后，越有可能从中获得更多的收益，也就越有可能参与农业节水活动。

表3-26 基于在村居住时间差异的单因素方程分析

分组依据		平方和	自由度	均方	F	显著性
习惯型	组间	43.412	9.000	4.824	8.695	0.000
	组内	434.356	783.000	0.555		
	总计	477.768	792.000	—		
技术型	组间	34.130	9.000	3.792	6.433	0.000
	组内	461.592	783.000	0.590		
	总计	495.722	792.000	—		
社交型	组间	14.664	9.000	1.629	2.816	0.003
	组内	453.003	783.000	0.579		
	总计	467.666	792.000	—		
公民型	组间	18.282	9.000	2.031	5.867	0.000
	组内	271.119	783.000	0.346		
	总计	289.401	792.000	—		

表 3-27 基于在村居住时间差异的农业节水行为均值比较

分组依据	均值			
	习惯型农业节水	技术型农业节水	社交型农业节水	公民型农业节水
4 个月及以下	2.810	3.428	3.094	3.640
4~8 个月	3.846	2.088	3.235	3.601
8 个月以上	3.969	3.630	3.638	4.278

3.4.4.6 家庭劳动力占比

基于家庭劳动力占比因素的单因素方差分析（见表 3-28）结果表明，家庭劳动力占比因素对技术型农业节水行为效应显著，对其他类型农业节水行为影响不显著。通过均值比较（见表 3-29）可以看出，家庭劳动力占比越高的农户家庭越倾向于选择技术型农业节水行为。

表 3-28 基于劳动力占比因素的单因素方差分析

分组依据		平方和	自由度	均方	F	显著性
习惯型	组间	7.512	11.000	0.683	1.134	0.331
	组内	470.256	781.000	0.602		
	总计	477.768	792.000	—		
技术型	组间	16.459	11.000	1.496	2.438	0.005
	组内	479.263	781.000	0.614		
	总计	495.722	792.000	—		
社交型	组间	5.830	11.000	0.530	0.896	0.544
	组内	461.836	781.000	0.591		
	总计	467.666	792.000	—		
公民型	组间	2.328	11.000	0.212	0.576	0.849
	组内	287.073	781.000	0.368		
	总计	289.401	792.000	—		

表 3-29 基于劳动力占比因素的农业节水行为组间均值比较

分组依据	均值			
	习惯型农业节水	技术型农业节水	社交型农业节水	公民型农业节水
0	3.872	3.572	3.549	4.252

分组依据	均值			
	习惯型农业节水	技术型农业节水	社交型农业节水	公民型农业节水
0~0.5 （不包含0，包含0.5）	3.859	3.595	3.583	4.240
0.5~1 （不包含0.5，包含1）	3.984	3.702	3.657	4.251

3.4.4.7 耕地破碎化程度

基于耕地破碎化程度的单因素方差分析（见表3-30）和均值比较（见表3-31）结果表明，耕地破碎化程度对四类农业节水行为影响均不显著。也就是说，在四类行为选择上，耕地破碎化程度没有显著的差别。可能的原因是，受访农户家庭耕地破碎化程度差异较小，导致影响效果不明显。

表3-30　基于耕地破碎化程度的单因素方差分析

分组依据		平方和	自由度	均方	F	显著性
习惯型	组间	2.266	4.000	0.566	0.939	0.441
	组内	475.502	788.000	0.603		
	总计	477.768	792.000	—		
技术型	组间	4.069	4.000	1.017	1.630	0.165
	组内	491.653	788.000	0.624		
	总计	495.722	792.000	—		
社交型	组间	3.337	4.000	0.834	1.416	0.227
	组内	464.330	788.000	0.589		
	总计	467.666	792.000	—		
公民型	组间	0.693	4.000	0.173	0.473	0.756
	组内	288.707	788.000	0.366		
	总计	289.401	792.000	—		

表3-31　基于耕地破碎化程度差异的农业节水行为组间均值比较

分组依据	均值			
	习惯型农业节水	技术型农业节水	社交型农业节水	公民型农业节水
3亩/块以下（包含3）	3.961	3.660	3.519	4.221

分组依据	均值			
	习惯型农业节水	技术型农业节水	社交型农业节水	公民型农业节水
3~5 亩/块以下 （不包含 3，包含 5）	3.915	3.615	3.669	4.253
5~7 亩/块以下 （不包含 5，包含 7）	3.888	3.663	3.671	4.238
7~10 亩/块以下 （不包含 7，包含 10）	3.825	3.601	3.633	4.236
10 亩/块以上 （不包含 10）	3.999	3.467	3.649	4.304

3.4.4.8　家庭收入

从单因素方差分析（见表 3-32）结果看出，收入对习惯型农业节水行为、技术型农业节水行为、社交型农业节水行为影响均不显著，而对公民农业节水行为具有显著效应。通过均值比较（见表 3-33）可以看出，收入越高的农民越倾向于关注生态资源问题。从公民型节水行为来看，农业节水行为隶属人的安全需求，相对于追求温饱等生理需求而言，农户只有收入达到一定水平后，才会重视资源环境问题。

表 3-32　基于收入差异的单因素方差分析

分组依据		平方和	自由度	均方	F	显著性
习惯型	组间	364.632	598.000	0.610	1.046	0.359
	组内	113.136	194.000	0.583		
	总计	477.768	792.000	—		
技术型	组间	377.392	598.000	0.631	1.035	0.393
	组内	118.330	194.000	0.610		
	总计	495.722	792.000	—		
社交型	组间	363.486	598.000	0.608	1.132	0.152
	组内	104.181	194.000	0.537		
	总计	467.666	792.000	—		
公民型	组间	233.752	598.000	0.391	1.363	0.005
	组内	55.649	194.000	0.287		
	总计	289.401	792.000	—		

表3-33 基于收入差异的农业节水行为组间均值比较

分组依据	均值			
	习惯型农业节水	技术型农业节水	社交型农业节水	公民型农业节水
1万元及以下 （包含1万元）	3.753	3.482	3.443	4.164
1万~3万（不包含 1万元，包含3万元）	3.956	3.624	3.669	4.203
3万~5万（不包含 3万元，包含5万元）	3.885	3.502	3.625	4.254
5万~10万（不包含 5万元，包含10万元）	3.978	3.703	3.630	4.210
10万~20万（不包含 10万元，包含20万元）	4.004	3.690	3.749	4.308
20万元以上 （不包含20万元）	4.069	3.483	3.444	4.309

3.5 本章小结

本章首先对样本区域作了一个简单的概述，其次介绍了本书所用调查问卷的设计流程和问卷主要内容，最后运用描述性统计分析法对受访户的农业节水行为现状、受访户的基本特征进行了分析。总体来看，在农业节水行为方面，习惯型农业节水行为的采纳比例最高，公民型农业节水行为的采纳比例最低。在农户特征方面，男性受访者居多，且年龄大部分分布在51~60岁，受教育程度为初中的农户最多，担任或曾担任村干部的受访户占比为16.7%，超过95%的受访户常年在村居住，平均家庭劳动力占比为0.6，平均单亩耕地面积为6.79亩，大多数农户家庭收入在5万~10万元。考察量表交叉分析表明，不同个人特征、家庭禀赋条件下的农户农业节水行为具有一定的差异性。

第4章 农户心理因素对农业节水行为驱动效应的实证研究

　　农户是农业生产的行动主体，也是农业水资源的主要使用者。因此，引导农户的农业节水行为是减缓我国农业用水压力的重要控制手段。这一结论得到一些研究者们的肯定[265]。农民成为行动主体之前首先是人，心理动机作为一种内在驱动力对其行为选择的作用不容忽视。识别进而确定农户农业节水行为的心理因素是本书研究的核心环节，同时也可以为引导和鼓励农户参与农业节水行为并制定针对性的引导政策提供理论依据。尽管目前关于农户亲环境行为的研究较为成熟，但对于农户农业节水行为影响因素的研究还处于探索阶段。考虑到农业节水行为属于个人亲环境行为的范畴，本章拟借鉴亲环境行为的相关理论与方法，基于计划行为理论、"价值—信念—规范"理论和社会影响理论等，着重剖析个体心理因素对农户行为的影响。

4.1　理论分析与研究假设提出

　　行为经济学是经济学科的前沿，作为心理学与经济学交叉融合的新兴学科，在 20 世纪 80 年代以后迅速发展，并成为热门学科。区别于新古典经济学的是，行为经济学强调心理因素对个体行为的影响。农户农业生产行为是一种有限的理性行为，其任何意愿和行为都受其心理变化和认知过程的控制。在有限理性的框架约束下，农户农业节水行为的采纳决策实质上是基于自身心理因素而进行的行为决策的"利弊权衡"。

4.1.1 农户农业节水行为意愿与行为之间的关系假设

意愿是个体行为的心理表现，是行为发生的前奏[266]。农业节水意愿是推进农业节水行为产生的动机层面因素，是促进农户采纳农业节水活动的内在心理过程或驱动力。农业节水意愿与农业节水行为存在本质区别，农业节水意愿仅指农户农业节水行为产生的倾向性和主观概率大小，从意愿到行为还需经过一段复杂过程。而本书并未直接聚焦于农业节水行为，主要考虑到农业节水意愿对农业节水行为存在重要的解释力和预测力[267]，可为进一步对农业节水行为的研究奠定基础。根据 Ajzen 的观点，个体的亲环境行为意愿越强烈，则其参与亲环境行为的可能性越大。而其他心理因素对行为的影响均通过行为意愿间接影响实际行为[204]。该结论得到了较为丰富的实证研究和检验[268]。相似地，农户的农业节水意愿和农业节水行为之间也存在显著的正向关系。基于此，本章提出如下研究假设：

H1：农户农业节水行为意愿与行为存在正向作用关系。

4.1.2 农户生态环境价值观与农业节水行为意愿和行为之间的关系假设

个体亲环境行为是以价值观为导向的行为，以价值观为视角出发研究个体亲环境行为得到了学术界的广泛认可。Stern 等将环境价值观细分为以生态为中心的生态价值观、以社会整体利益为中心的利他价值观、以自我为中心的利己价值观[213]。不同的价值观会因行为的外部性而呈现不同的意愿和行为偏差[269]。在本书中主要关注的是生态价值观。相关研究表明，生态环境价值观是个体进行亲环境行为的直接动因，良好生态环境价值观的形成能够促进亲环境行为产生。目前关于生态价值观对环境行为影响作用途径可以归纳为两条[270]：一是直接效应。如 Hopper 和 Nielsen 研究发现生态价值观越高的个体越倾向于根据环境的变化而改变自身的行为习惯[271]。曲英通过实证分析表明城市居民生态环境价值感对生活垃圾源头分类行为具有显著作用[272]。二是中介效应。部分学者认为生态价值观是人们内心的信念，在一定情境下可以转化成生态行为，但是其直接转化效率很低，需要借助其他变量，如意愿、态度、主观规范和感知行为控制等[273-275]。基于此，本章提出如下研究假设：

H2a：农户生态环境价值观与农业节水行为存在正向作用关系。

H2b：农户生态环境价值观与农业节水行为意愿存在正向作用关系。

H2c：农户农业节水行为意愿对生态环境价值观和农业节水行为的中介效应显著。

4.1.3　农户环境责任感与农业节水行为意愿和行为之间的关系假设

责任感是一种以益于他人方式行事的义务感和责任意识，它包含对组织福祉和他人结果的关注[276]，属于社会道德心理的范畴，是思想道德素质的重要内容之一。根据"价值—信念—规范"理论，环境责任感作为一种特殊的责任感是指个体对自身采取措施解决具体环境问题或防止环境质量恶化的责任意识，是个体主动承担社会规范并将其内化为个人规范的责任倾向[232]。个体的环境责任感和亲环境行为实施意向之间的积极关系已经得到一些学者的检验。例如，滕玉华等通过对江西省农村居民的 695 份调研问卷数据的分析得出环境责任感与农户应用和推广清洁能源的意愿呈显著正相关[277]。

在环境行为领域，环境责任感被认为是最基本和最重要的心理变量[278]。负责任的环境行为模型指出，个体的责任感与亲环境行为之间紧密相关，环境责任感越强的人越能够做出更多的对环境负责的行为。学术界已有研究对该理论进行了验证。如 Attaran 等研究发现，责任感和绿色消费行为之间存在高度相关性，对环境高度负责的个人更有可能对美国的绿色建筑表现出积极的态度和购买意愿[279]。Ding 等研究发现，居民所具备的环境责任感越高，其实施节能行为的可能性越大[280]。郭清卉等经研究后得出，环境责任感可以促进农户的亲环境行为[233]。由此可见，环境责任感和农户农业节水行为之间可能也存在着促进的作用，个体的环境责任感越强，实施节水行为的倾向越大。基于此，本章提出如下研究假设：

H3a：农户环境责任感与农业节水行为存在正向作用关系。

H3b：农户环境责任感与农业节水行为意愿存在正向作用关系。

H3c：农户农业节水行为意愿对环境责任感和农业节水行为的中介效应显著。

4.1.4　农户水资源稀缺性感知与农业节水行为意愿和农业节水行为之间的关系假设

农户是农业水资源开发利用决策的主体，又是灌溉水资源变化的最直接感知者，其对水资源的感知差异会影响农户行为决策[39]。水资源稀缺性感知是指农户对灌溉水源可用性以及可持续使用性的判断。水量稀缺性感知对农户用水决策行为影响的逻辑作用体现在具有稀缺性感知的农户会认为水的边际价值升高，从而提高谨慎用水的态度，通过了解作物生长习性、灌溉需水规律和气候变化规律等方式，合理配置灌溉用水。水资源稀缺性感知对农户节水行为影响已得到部分学者验证。如赵雪雁和薛冰研究发现稀缺的水资源和不断下降的水位导致农户对水资源稀缺性产生评价，这种评价心理直接影响到农户农业水资源利用行为决策[38]。如 Shah 等基于对亚洲的地下水社会生态的研究指出，水资源稀缺性认知不足导致地下农业过度用水现象[281]。基于此，本章提出如下研究假设：

H4a：农户水资源稀缺性感知与农户农业节水行为存在正向作用关系。

H4b：农户水资源稀缺性感知与农户农业节水意愿存在正向作用关系。

H4c：农户农业节水行为意愿对水资源稀缺性感知和农业节水行为的中介效应显著。

4.1.5 农户主观规范与农业节水行为意愿和农业节水行为之间的关系假设

在中国农村，农民长期处在集体主义文化明显的静态农村社会，农户多数情况下是基于血缘、亲缘以及地缘关系进行农业生产信息的交流，农户意愿和行为会受到周围具有影响力的个人和组织等客体的约束[238]。当农户处于较强的亲环境规范情境下时，其想法、态度及行为更易受他人左右，并在意愿与行为上表现出"群体一致性""跟风效应"。一些学者通过实证分析表明，在畜禽粪污资源化处理过程中，以相互交往为基础的他人认知与期望对农户行为倾向产生显著影响，当农户感受到周围人对自己资源化利用畜禽粪污的压力或期望时，为了避免遭到他人的惩罚（如声誉受损、被孤立等），农户便会将畜禽粪污资源化处理作为自己行为的准则，并产生亲环境行为。基于此，本章提出如下研究假设：

H5a：农户主观规范与农业节水行为存在正向作用关系。

H5b：农户主观规范与农业节水行为意愿存在正向作用关系。

H5c：农户农业节水行为意愿对主观规范和农业节水行为的中介效应显著。

4.1.6 农户自我效能感与农业节水行为意愿和农业节水行为之间的关系假设

自我效能感是个体对采取某种适应性措施或行动的能力的判断[47]，是影响个体环境行为的重要心理变量之一。通过梳理有关行为学的文献可以发现，自我效能感和亲环境行为意愿之间存在显著的作用关系。如吴波等通过设计的一个双肩背包产品选择情景，验证了自我效能感和绿色产品购买意愿变量之间的关系，研究结果显示自我效能感强度对消费者绿色产品偏好有直接影响，自我效能感越强，消费者对绿色产品的偏好越强烈[282]。

自我效能会影响人们的行为选择，人们会倾向于执行自己力所能及的事情，而回避超出自我能力范围的任务[283]。自我效能感对亲环境行为的作用存在两种方式：第一，自我效能感直接作用于农户灌溉适应性行为。如 Straughan 和 Roberts将消费者效能感作为自变量，探究了自我效能感对环保行为的影响，研究结果表明自我效能感对消费者的环保消费行为有较强的解释力[284]。张娇等在研究中证实了自我效能是农户秸秆亲环境处理行为最有力的预测因子[104]。第二，自我效能感通过个体意愿间接作用于个体行为。如 Berger 和 Corbin 发现消费者效能感会调节环保意愿和环保消费行为之间的关系，对于效能感较强的消费者来说，环保意愿和环保消费行为之间的相关性更强[285]。基于此，本章提出如下研究假设：

H6a：农户自我效能感与农业节水行为存在正向作用关系。

H6b：农户自我效能感与农业节水行为意愿存在正向作用关系。

H6c：农户农业节水意愿对自我效能感和农业节水行为的中介效应显著。

4.1.7　农户行为态度与农业节水行为意愿和农业节水行为之间的关系假设

行为态度是行为个体对特定行为的偏好倾向，反映的是对该行为认可或不认可的程度。根据计划行为理论，态度是解释和预测个体行为意愿或行为的核心要素之一。多数研究证实，积极正面的行为态度能显著促进个体的亲环境行为的形成[286]。基于此，本章提出如下研究假设：

H7a：农户行为态度与农户农业节水行为存在正向作用关系。

H7b：农户行为态度与农户农业节水行为意愿存在正向作用关系。

H7c：农户农业节水行为意愿对行为态度和农业节水行为的中介效应显著。

4.1.8　农户环境认同与农业节水行为意愿和农业节水行为之间的关系假设

社会心理学理论指出，社会认同就是个体知晓其归属于特定的社会群体，而且他所获得的群体资格赋予他某种情感和价值意义[287]。针对社会认同和行为意向的关系已经进行了大量研究，大多数研究结果表明强化社会认同感，会使个体做出更有利于社会的行为。如曾粤兴和魏思婧提出认同和强烈的主体意识的建立，是推动行为意向的根本动力，也是推动公众持续性参与行为形成的有效途径[288]。如余威震等湖北省基于农户调研数据发现，价值认同对农户有机肥施用行为均起到正向作用[289]。张蓓等通过实证分析发现价值认同对果蔬农户质量安全控制行为有显著促进作用，农户对质量安全控制行为越认同，态度越积极端正，越有可能施行较好的质量安全控制行为[290]。环境认同是社会认同的特殊形式，强调的是个体对某种特定亲环境行为的认同感，这在很大程度上对个体的亲环境行为参与意愿起着决定性的作用。如林兵和刘立波研究发现环境身份（环境认同）可以直接或间接地预测环境行为，并对环境行为的发生具有显著的促进作用[291]。基于此，本章试图验证环境认同对农业节水行为产生的影响，并提出如下研究假设：

H8a：农户环境认同与农业节水行为存在正向作用关系。

H8b：农户环境认同与农业节水行为意愿存在正向作用关系。

H8c：农户农业节水行为意愿对环境认同和农业节水行为的中介效应显著。

4.2 研究方法

本章研究主要目的是探索不同心理因素对农业节水行为的影响机理。对于变量间因果关系的检验，通常采用回归分析或结构方程。回归分析只能检验单一因变量与自变量之间的因果作用关系。结构方程模型（Structural Equation Model，SEM）是基于变量的协方差矩阵分析变量之间关系的一种多元数据统计分析工具，可以同时分析处理包含多个因变量的内在逻辑关系。鉴于本书的因变量为多个，且各个因变量之间作用关系错综复杂，传统的多元回归方法难以支撑。因此，本章采用结构方程模型的方法检验心理因素和农业节水行为之间的作用关系。

结构方程模型包括测量模型和结构模型两部分。结构模型主要用来描述潜变量之间的关系以及模型中无法被其他变量解释的变异量，而测量模型则是用来描述潜变量和观测变量之间的关系。模型表达式如下：

$$x = \Lambda_x \xi + \delta \qquad\qquad (4-1)$$

$$y = \Lambda_y \eta + \varepsilon \qquad\qquad (4-2)$$

$$\eta = B\eta + \Gamma\xi + \zeta \qquad\qquad (4-3)$$

其中，Λ_x 表示外生潜变量 ξ 对外生观测变量 x 的因子载荷矩阵；δ 表示外生观测变量 x 的测量误差；Λ_y 表示内生潜变量 η 对内生观测变量 y 的因子载荷矩阵；ε 表示内生观测变量 y 的测量误差；B 表示内生潜变量 η 的关系矩阵；Γ 表示外生潜变量的系数矩阵；ζ 表示结构方程误差项，用于解释结构方程中内生潜变量 η 未能被解释的部分。

4.3　量表检验

4.3.1　正态性检验

数据满足正态分布是进行结构方程模型和使用极大似然估计法的前提条件。因此，在进行统计分析之前，需对数据进行正态性检验。目前检验数据正态性的方法有 Anderson–Darling Test（ad 检验）、Cramer–Von Mises Test（cvn 检验）、Pearson chi–Square Test（Pearson 检验）、Shapiro–Francia Test（sf 检验），Kolmogorov–Smirnov（Lillie 检验）等[292]。本节采用的是在管理学领域较为常用的 KS 检验法，即通过偏度（Skewness）和峰度（Kurtosis）来判断数据是否服从正态分布。其判别依据为：若偏度和峰度统计值系数的绝对值小于 2，则表明样本数据通过正态性检验，可认为数据近似于正态分布[293]。本节借助 SPSS25.0 统计软件对个体心理因素变量、农业节水行为意愿和农业节水行为各测量题项进行检验，正态性检验结果如表4–1 和表4–2 所示。从表中可以看出，个体心理因素变量、农业节水意愿和农业节水行为测量题项的偏度和峰度系数绝对值最大为 1.546，小于 2，因此，认为量表数据符合正态性检验标准，近似于正态分布，可以进行后续的结构方程模型研究。

表 4–1　农业节水意愿行为量表正态性检验结果

项目变量	编码	偏度		峰度	
		统计量	标准差	统计量	标准差
习惯型农业节水行为	TIT1	−0.804	0.087	−0.711	0.173
	TIT2	−0.863	0.087	0.080	0.173
	TIT3	−0.017	0.087	−1.204	0.173

续表

项目变量	编码	偏度		峰度	
		统计量	标准差	统计量	标准差
技术型农业节水行为	TIT4	−1.042	0.087	0.464	0.173
	TIT5	−0.851	0.087	−0.228	0.173
	TIT6	0.091	0.087	−1.462	0.173
	TIT7	−0.508	0.087	−0.628	0.173
社交型农业节水行为	TIT8	−0.602	0.087	−0.618	0.173
	TIT9	−0.771	0.087	−0.098	0.173
	TIT10	−1.173	0.087	0.931	0.173
公民型农业节水行为	TIT11	−1.139	0.087	0.679	0.173
	TIT12	−1.045	0.087	0.728	0.173
	TIT13	−1.109	0.087	0.674	0.173
农业节水意愿	TIT14	−0.265	0.087	−0.621	0.173
	TIT15	0.125	0.087	−0.889	0.173
	TIT16	−0.192	0.087	−0.364	0.173

表4-2　个体心理因素量表正态性检验结果

变量	编码	偏度		峰度	
		统计量	标准差	统计量	标准差
生态环境价值观	TIT17	−0.265	0.087	−1.046	0.173
	TIT18	−1.245	0.087	1.365	0.173
	TIT19	−1.546	0.087	1.477	0.173
环境责任感	TIT20	0.269	0.087	−1.346	0.173
	TIT21	−0.984	0.087	0.142	0.173
	TIT22	−1.341	0.087	1.318	0.173
水资源稀缺性感知	TIT23	−0.773	0.087	−0.334	0.173
	TIT24	−0.572	0.087	−0.482	0.173
	TIT25	−0.102	0.087	−1.282	0.173
	TIT26	−0.687	0.087	−0.411	0.173
主观规范	TIT27	0.608	0.087	−0.623	0.173
	TIT28	0.505	0.087	−0.803	0.173
	TIT29	0.503	0.087	−0.867	0.173

续表

变量	编码	偏度		峰度	
		统计量	标准差	统计量	标准差
自我效能	TIT30	−0.886	0.087	−0.042	0.174
	TIT31	−0.954	0.087	0.309	0.173
	TIT32	−0.717	0.087	−0.496	0.173
行为态度	TIT33	−0.706	0.087	−0.473	0.173
	TIT34	−0.550	0.087	−0.819	0.173
	TIT35	−0.559	0.087	−0.771	0.173
	TIT36	−0.888	0.087	−0.181	0.173
环境认同	TIT37	0.130	0.087	−1.061	0.173
	TIT38	0.479	0.087	−0.875	0.173
	TIT39	−0.743	0.087	−0.183	0.173
	TIT40	−0.137	0.087	−1.019	0.173

4.3.2 信度检验

由于个体心理认知变量均是在借鉴以往学者成熟量表的基础上以潜变量的形式测量，为此，在进行实证检验前需对问卷数据进行信度和效度检验，以测度问卷的整体质量，确保问卷具有较好的可靠性和稳定性。由于前文中已将个体心理因素变量从理论上进行了维度划分，因此，对问卷数据的效度检验通过验证性因子分析进行。信度分析主要是对变量的 Cronbach's alpha 系数进行检验。公式如下：

$$\text{Cronbach's alpha} = a \left[\frac{k}{(k-1)} \right] \left[1 - \sum_{i=1}^{k} \left(\frac{S_i^2}{S_p^2} \right) \right] \tag{4-4}$$

其中，k 表示测量项目的个数；S_i^2 表示每个项目得分的方差；S_p^2 表示总分的方差。其判别标准为：信度值 α>0.8，表示良好；信度值 α 处于 0.7~0.8，表示较好；信度值 α 处于 0.6~0.7，表示可以接受；信度值 α 小于 0.6，则需要考虑重新编写问卷。本节所使用的个体心理因素征变量、农业节水行为意愿和农业节水行为变量信度检验结果如表4-3所示，所有变量的信度值数 α 系数均高于0.6，表明各题项具有较好的一致性，问卷量表可接受。

表4-3　量信度检验结果

变量	题项数	信度值（α）
习惯型农业节水行为	3	0.707
技术型农业节水行为	4	0.675
社交型农业节水行为	3	0.659
公民型农业节水行为	3	0.918
农业节水意愿	3	0.777
生态环境价值观	3	0.721
环境责任感	3	0.712
水资源稀缺性感知	4	0.697
主观规范	3	0.935
自我效能	3	0.851
行为态度	4	0.850
环境认同	4	0.697

4.3.3　效度检验

效度检验包括量表内容效度检验和结构效度检验两部分。首先，从内容效度来看，本书所使用的量表是在梳理大量文献的基础上，参考现有理论、相关研究成果和相关成熟量表，结合样本区域实际情况，并咨询相关专家后进行开发的，以确保测量内容与测量变量之间的一致性。其次，在正式调研之前，课题组进行了一次小规模预调研，并依据调研结果进一步对量表进行了检验和修订，因此，认为本书所涉及的量表具有一定的合理性，内容效度良好。

结构效度检验主要通过相应变量的因子载荷值、平均变异数提取量 AVE、取样适切性量数（Kaiser-Meyer-Olkin Measure of Sampling Adequacy，KMO）和 Bartlett 球形度检验来判断。表4-4表示的是农业节水意愿行为变量的收敛效度分析结果。由表4-4可知，习惯型农业节水行为的三个题项因子荷载都高于0.6，平均变异数提取量 AVE 为0.635，高于收敛效度要求的临界值0.5，KMO值在0.60以上，Bartlett 球形度检验的显著性水平均为0.000，因此，从收敛效度来看，习惯型农业节水行为的三个题项具有较好的收敛性；技术型农业节水行为的四个题项因子荷载都高于0.6，平均变异数提取量 AVE 为0.524，高于收敛效度要求的临界值0.5，KMO值在0.60以上，Bartlett 球形度检验的显著性水平均为 0.000，因此，从收敛效度来看，技术型农业节水行为的三个题项具有较好的收敛性；社交型农业节水行为的三个题项因子荷载都高于 0.6，平均变异数提取量 AVE 为 0.596，高于收敛效度要求的临界值 0.5，KMO 值在 0.60 以上，Bartlett 球形度检验的显著性水平均为 0.000，因此，从收敛效度来看，社交型农业节水行为的三个题项具有较好的收敛性；公民型农业节水行为的三个题项因子荷载都高于 0.6，平均变异数提取量 AVE 为 0.861，高于收敛效度要求的临界值 0.5，KMO 值在 0.60 以上，Bartlett 球形度检验的显著性水平均为 0.000，因此，从收敛效度来看，公民型农业节水行为的三个题项具有较好的收敛性；农业节水行为意愿的三个题项因子荷载都高于 0.6，平均变异数提取量 AVE 为 0.692，高于收敛效度要求的临界值 0.5，KMO 值在 0.60 以上，Bartlett 球形度检验的显著性水平均为 0.000，因此，从收敛效度来看，农业节水行为意愿的三个题项具有较好的收敛性。

表 4-4　农业节水行为变量的收敛效度分析

变量	编码	因子载荷	平均变异数提取量 AVE	取样适切性量数 KMO	Bartlett 球形度检验		
					近似卡方	自由度	显著性
习惯型农业节水行为	TIT1	0.828	0.635	0.651	476.149	3.000	0.000
	TIT2	0.835					
	TIT3	0.723					
技术型农业节水行为	TIT4	0.804	0.524	0.702	565.787	6.000	0.000
	TIT5	0.796					
	TIT6	0.608					
	TIT7	0.668					
社交型农业节水行为	TIT8	0.795	0.596	0.652	340.184	3.000	0.000
	TIT9	0.732					
	TIT10	0.788					
公民型农业节水行为	TIT11	0.929	0.861	0.761	1724.399	3.000	0.000
	TIT12	0.931					
	TIT13	0.923					
农业节水行为意愿	TIT14	0.839	0.692	0.703	650.010	3.000	0.000
	TIT15	0.824					
	TIT16	0.832					

表4-5表示的是个体心理因素变量的收敛效度分析结果。由表4-5可知，生态环境价值观的三个题项因子荷载都高于0.6，平均变异数提取量AVE为0.657，高于收敛效度要求的临界值0.5，KMO值在0.60以上，Bartlett球形度检验的显著性水平均为0.000，因此，从收敛效度来看，生态环境价值观的三个题项具有较好的收敛性；环境责任感的三个题项因子荷载都高于0.6，平均变异数提取量AVE为0.662，高于收敛效度要求的临界值0.5，KMO值在0.60以上，Bartlett球形度检验的显著性水平均为0.000，因此，从收敛效度来看，环境责任感的三个题项具有较好的收敛性；水资源稀缺性感知的四个题项因子荷载都高于0.6，平均变异数提取量AVE为0.525，高于收敛效度要求的临界值0.5，KMO值在0.60以上，Bartlett球形度检验的显著性水平均为0.000，因此，从收敛效度来看，水资源稀缺性感知的四个题项具有较好的收敛性；主观规范的三个题项因子荷载都高于0.6，平均变异数提取量AVE为0.886，高于收敛效度要求的临界值0.5，KMO值在0.60以上，Bartlett球形度检验的显著性水平均为0.000，因此，从收敛效度来看，主观规范的三个题项具有较好的收敛性；自我效能的三个题项因子荷载都高于0.6，平均变异数提取量AVE为0.777，高于收敛效度要求的临界值0.5，KMO值在0.60以上，Bartlett球形度检验的显著性水平均为0.000，因此，从收敛效度来看，自我效能的三个题项具有较好的收敛性；行为态度的四个题项因子荷载都高于0.6，平均变异数提取量AVE为0.692，高于收敛效度要求的临界值0.5，KMO值在0.60以上，Bartlett球形度检验的显著性水平均为0.000，因此，从收敛效度来看，行为态度的四个题项具有较好的收敛性；环境认同的四个题项因子荷载都高于0.6，平均变异数提取量AVE为0.524，高于收敛效度要求的临界值0.5，KMO值在0.60以上，Bartlett球形度检验的显著性水平均为0.000，因此，从收敛效度来看，环境认同的四个题项具有较好的收敛性。

表4-5　个体心理因素变量的收敛效度分析

变量	编码	因子载荷	平均变异数提取量AVE	取样适切性量数KMO	Bartlett球形度检验		
					近似卡方	自由度	显著性
生态环境价值观	TIT17	0.701	0.657	0.625	607.239	3.000	0.000
	TIT18	0.878					
	TIT19	0.841					

续表

变量	编码	因子载荷	平均变异数提取量 AVE	取样适切性量数 KMO	Bartlett 球形度检验		
					近似卡方	自由度	显著性
环境责任感	TIT20	0.644	0.662	0.602	716.932	3.000	0.000
	TIT21	0.885					
	TIT22	0.888					
水资源稀缺性感知	TIT23	0.723	0.525	0.715	529.717	6.000	0.000
	TIT24	0.728					
	TIT25	0.707					
	TIT26	0.739					
主观规范	TIT27	0.936	0.886	0.750	2084.581	3.000	0.000
	TIT28	0.958					
	TIT29	0.930					
自我效能	TIT30	0.920	0.777	0.685	1225.502	3.000	0.000
	TIT31	0.910					
	TIT32	0.810					
行为态度	TIT33	0.861	0.692	0.801	1406.803	6.000	0.000
	TIT34	0.856					
	TIT35	0.865					
	TIT36	0.740					
环境认同	TIT37	0.779	0.524	0.705	548.225	6.000	0.000
	TIT38	0.780					
	TIT39	0.617					
	TIT40	0.708					

4.3.4　变量的相关性检验

在验证研究假设之前，首先要对个体心理因素变量、农业节水意愿、农业节水行为进行 Pearson 相关性进行检验，以确保这些变量之间是相关的。相关性分析结果如表 4-6 至表 4-9 所示。

4.3.4.1　习惯型农业节水行为与心理因素之间的相关性分析

习惯型农业节水行为与农业节水行为意愿及心理因素之间的相关性分析结果如表 4-6 所示。由表 4-6 可知，习惯型农业节水行为与各变量都相关，与农业节水意愿的相关系数为 0.217，与心理因素的相关系数分别为：生态环境价值观 0.242，环境责任感 0.121，水资源稀缺性感知 0.220，主观规范 0.213，自我效能 0.181，行为态度 0.329，环境认同 0.321，反映出习惯型农业节水行为和农业节水意愿及心理因素之间存在明显的正相关性。

表 4-6 习惯型农业节水行为与自变量相关系数

变量	Evp	Erp	Wsp	Snp	Sep	Bop	Sip	WS	HB
Evp	1	—	—	—	—	—	—	—	—
Erp	0.255**	1	—	—	—	—	—	—	—
Wsp	0.248**	0.230**	1	—	—	—	—	—	—
Snp	0.195**	0.224**	0.201**	1	—	—	—	—	—
Sep	0.276**	0.256**	0.29**	0.261**	1	—	—	—	—
Bop	0.335**	0.210**	0.319**	0.099**	0.355**	1	—	—	—
Sip	0.203**	0.164**	0.152**	0.155**	0.203**	0.142**	1	—	—
WS	0.283**	0.391**	0.281**	0.261**	0.279**	0.242**	0.242**	1	—
HB	0.242**	0.121**	0.220**	0.213**	0.181**	0.329**	0.321**	0.217**	1

注：*表示 $p<0.5$，**表示 $p<0.05$，***表示 $p<0.001$。

4.3.4.2 技术型农业节水行为与心理因素之间的相关性分析

从技术型农业节水行为与农业节水行为意愿和心理因素之间的相关系数来看（见表 4-7），技术型农业节水行为和农业节水行为意愿的相关性系数为 0.294，与心理因素的相关性系数分别为：生态环境价值观 0.237，环境责任感 0.226，水资源稀缺性感知 0.206，主观规范 0.189，自我效能 0.190，行为态度 0.357，环境认同 0.146，表明技术型农业节水行为和农业节水行为意愿及心理因素之间相关性较强。

表 4-7 技术型农业节水行为与自变量相关系数

变量	Evp	Erp	Wsp	Snp	Sep	Bop	Sip	WS	TB
Evp	1	—	—	—	—	—	—	—	—
Erp	0.255**	1	—	—	—	—	—	—	—
Wsp	0.248**	0.230**	1	—	—	—	—	—	—

续表

变量	Evp	Erp	Wsp	Snp	Sep	Bop	Sip	WS	TB
Snp	0.195**	0.224**	0.201**	1	—	—	—	—	—
Sep	0.276**	0.256**	0.299**	0.261**	1	—	—	—	—
Bop	0.335**	0.210**	0.319**	0.099**	0.355**	1	—	—	—
Sip	0.203**	0.164**	0.152**	0.155**	0.203**	0.142**	1	—	—
WS	0.283**	0.391**	0.281**	0.261**	0.279**	0.242**	0.242**	1	—
TB	0.237**	0.226**	0.206**	0.189**	0.190**	0.357**	0.146**	0.294**	1

注：*表示 $p<0.5$，**表示 $p<0.05$，***表示 $p<0.001$。

4.3.4.3　社交型农业节水行为与心理因素之间的相关性分析

社交型农业节水行为与农业节水行为意愿及心理因素之间的相关性分析结果如表4-8所示。由表4-8可知，社交型农业节水行为与各变量之间存在明显正相关性，与农业节水行为意愿的相关系数为0.355，与心理因素的相关系数分别为：生态环境价值观0.251，环境责任感0.268，水资源稀缺性感知0.209，主观规范0.177，自我效能0.277，行为态度0.366，环境认同0.153，表明社交型农业节水行为和农业节水行为意愿及心理因素之间相关性较强。

表4-8　社交型农业节水行为与自变量相关系数

变量	Evp	Erp	Wsp	Snp	Sep	Bop	Sip	WS	SB
Evp	1	—	—	—	—	—	—	—	—
Erp	0.255**	1	—	—	—	—	—	—	—
Wsp	0.248**	0.230**	1	—	—	—	—	—	—
Snp	0.195**	0.224**	0.201**	1	—	—	—	—	—
Sep	0.276**	0.256**	0.299**	0.261**	1	—	—	—	—
Bop	0.335**	0.210**	0.319**	0.099**	0.355**	1	—	—	—
Sip	0.203**	0.164**	0.152**	0.155**	0.203**	0.142**	1	—	—
WS	0.283**	0.391**	0.281**	0.261**	0.279**	0.242**	0.242**	1	—
SB	0.251**	0.268**	0.209**	0.177**	0.277**	0.366**	0.153**	0.355**	1

注：*表示 $p<0.5$，**表示 $p<0.05$，***表示 $p<0.001$。

4.3.4.4 公民型农业节水行为与心理因素之间的相关性分析

从公民型农业节水行为与农业节水行为意愿及心理因素之间的相关系数来看（见表4-9），公民型农业节水行为和农业节水意愿的相关性系数为0.210，与心理因素的相关性系数分别为：生态环境价值观0.530，环境责任感0.211，水资源稀缺性感知0.347，主观规范0.259，自我效能0.423，行为态度0.437，环境认同0.205，表明公民型农业节水行为和农业节水意愿及心理因素之间相关性较强。

表4-9 公民型农业节水行为与自变量相关系数

变量	Evp	Erp	Wsp	Snp	Sep	Bop	Sip	WS	CB
Evp	1	—	—	—	—	—	—	—	—
Erp	0.255**	1	—	—	—	—	—	—	—
Wsp	0.248**	0.230**	1	—	—	—	—	—	—
Snp	0.195**	0.224**	0.201**	1	—	—	—	—	—
Sep	0.276**	0.256**	0.299**	0.261**	1	—	—	—	—
Bop	0.335**	0.210**	0.319**	0.099**	0.355**	1	—	—	—
Sip	0.203**	0.164**	0.152**	0.155**	0.203**	0.142**	1	—	—
WS	0.283**	0.391**	0.281**	0.261**	0.279**	0.242**	0.242**	1	—
CB	0.530**	0.211**	0.347**	0.259**	0.423**	0.437**	0.205**	0.210**	1

注：*表示p<0.5，**表示p<0.05，***表示p<0.001。

4.4 实证结果分析

4.4.1 农户心理因素作用于农业节水行为的效应分析

4.4.1.1 模型适配度检验

运用AMOS23对自变量作用于习惯型农业节水行为的关系模型进行适配度检验，检验结果如表4-10所示。其中，绝对拟合指数：卡方自由度比值为3.480，符合标准($\chi^2/df<5$)；RMR = 0.006，小于 0.05 的标准；RMSEA = 0.056，符合小于 0.08 的标准；GFI = 0.997，AGFI = 0.947，均大于标准值 0.9。增值适配度指数：NFI = 0.992，RFI = 0.887，IFI = 0.994，TLI = 0.917，CFI = 0.994，均大于或接近标准值 0.9。综合以上各类指标评价结果可以得知，该结构方程模型的整体拟合状况比较理想，样本数据与模型的契合程度较高，模型外在质量较好，可以进行路径回归分析。

表 4-10　结构方程模型适配度检验结果

评价类型	适配度指数	适配标准或者临界值	检验结果	模型适配度判断
绝对适配度	卡方自由度比	1~3 最佳；5 以下可接受	3.480	可接受
	RMR	<0.05	0.006	符合
	RMSEA	<0.05 最佳；<0.08 可接受	0.056	可接受
	GFI	>0.9	0.997	符合
	AGFI	>0.9	0.947	符合
增值适配度	NFI	>0.9	0.992	符合
	RFI	>0.9	0.887	可接受
	IFI	>0.9	0.994	符合
	TLI	>0.9	0.917	符合
	CFI	>0.9	0.994	符合

4.4.1.2　效应分析与假设检验

表 4-11 给出了农户心理因素作用于农业节水行为的标准化路径分析结果。通过路径系数显著性水平可以看出，生态环境价值观显著正向影响习惯型农业节水行为、技术型农业节水行为、社交型农业节水行为和公民型农业节水行为，效应值分别为 0.080、0.076、0.074 和 0.096。因此，假设 2a 完全成立，该结论与贺爱忠和刘梦琳的观点较为一致[275]。究其原因可能是，一方面，认同生态价值观的个体往往将水资源环境保护看作自身内心的信念，越认同生态价值观的个体越关心农业用水问题，行动的环境友好程度越高，因此越可能自发地成为农业节水的践行者，也越有可能将农业节水行为落实到具体的实践中去；另一方面，认同生态价值观的个体更重视环境质量，会淡化农业节水行为所带来的负面感知后果，不顾感知到的障碍而采取农业节水行为[227]。

表4-11　心理因素作用于农业节水行为的路径分析

路径	路径系数	CR	p值	假设检验结论
习惯型农业节水行为←生态环境价值观	0.080	2.299	0.022	支持
习惯型农业节水行为←环境责任感	−0.032	−0.938	0.348	不支持
习惯型农业节水行为←水资源稀缺性感知	0.072	2.079	0.038	支持
习惯型农业节水行为←主观规范	0.135	4.021	0.000	支持
习惯型农业节水行为←自我效能	−0.027	−0.762	0.446	不支持
习惯型农业节水行为←行为态度	0.248	6.939	0.000	支持
习惯型农业节水行为←环境认同	0.249	7.611	0.000	支持
技术型农业节水行为←生态环境价值观	0.076	2.110	0.035	支持
技术型农业节水行为←环境责任感	0.108	3.096	0.002	支持
技术型农业节水行为←水资源稀缺性感知	0.047	1.318	0.188	不支持
技术型农业节水行为←主观规范	0.107	3.129	0.002	支持
技术型农业节水行为←自我效能	−0.011	−0.295	0.768	不支持
技术型农业节水行为←行为态度	0.280	7.641	0.000	支持
技术型农业节水行为←环境认同	0.052	1.541	0.123	不支持
社交型农业节水行为←生态环境价值观	0.074	2.087	0.037	支持
社交型农业节水行为←环境责任感	0.361	12.074	0.000	支持
社交型农业节水行为←水资源稀缺性感知	0.142	4.128	0.000	支持
社交型农业节水行为←主观规范	−0.026	−0.912	0.362	不支持
社交型农业节水行为←自我效能	0.028	0.790	0.429	不支持
社交型农业节水行为←行为态度	0.118	3.968	0.000	支持
社交型农业节水行为←环境认同	0.068	2.019	0.043	支持
公民型农业节水行为←生态环境价值观	0.096	3.339	0.000	支持
公民型农业节水行为←环境责任感	0.094	2.602	0.009	支持
公民型农业节水行为←水资源稀缺性感知	0.201	6.584	0.000	支持
公民型农业节水行为←主观规范	0.191	6.230	0.000	支持
公民型农业节水行为←自我效能	0.256	7.104	0.000	支持
公民型农业节水行为←行为态度	0.045	1.360	0.174	不支持
公民型农业节水行为←环境认同	0.036	1.284	0.199	不支持

如表4-11所示，环境责任感作用于技术型农业节水行为、社交型农业节水行为和公民型农业节水行为的标准化路径系数均显著（p<0.05），路径系数分别

为 0.108、0.361 和 0.094。环境责任感作用于习惯型农业节水行为的路径系数不显著（p>0.05）。因此，假设 3a 部分成立。结论充分肯定了"价值—信念—规范"理论的观点，即环境责任感是影响环境行为最为基础的变量，表明环境责任感越强的农民，越倾向于实施更多的农业节水行为。同时，环境责任感对习惯型农业节水行为的影响没有通过显著性检验，说明该因素不是影响习惯型农业节水行为的重要因素，即农户是否实施习惯型农业节水行为与其本身所具备的环境责任感无关或关系不大。结合实际调查情况可知，产生这一结果的原因是虽已有部分农户具备较高的环境责任感，但在这类农户中仍有不少农户认为自身时间、精力和财力有限，不愿意花费多余的时间和精力对灌溉过程进行永久监控或修复磨损的灌溉渠道。

水资源稀缺性感知显著正向影响农户的习惯型农业节水行为、社交型农业节水行为和公民型农业节水行为，标准化路径系数分别为 0.072、0.142 和 0.201。水资源稀缺性感知对农户技术型农业节水行为影响不显著（p>0.05）。因此，假设 4a 部分成立。由此表明，农户对未来水资源稀缺性感知越强烈，越倾向于实施农业节水行为。这也验证了王昕和田静晶的观点[294]，即当农户认为用水资源短缺时，会更加关注地下水的开发和利用。同时，水资源稀缺性感知对农户技术型农业节水行为影响不显著，可能的原因是水资源稀缺感知是通过强化农户有限理性而规范农业用水行为，但面临技术型农业节水行为，农户会考虑更多的成本风险、技术采纳风险等，这些风险弱化了水资源稀缺感知所带来的积极影响。

主观规范作用于农户习惯型农业节水行为、技术型农业节水行为和公民型农业节水行为的标准化路径系数均显著（p<0.05），路径系数分别为 0.135、0.107 和 0.191。主观规范对农户社交型农业节水行为影响不显著（p>0.05）。因此，假设 5a 部分成立。主观规范指的是农户在灌溉的过程中受到社会压力，包括来自家庭、亲戚朋友、村集体等的社会压力，主观规范路径系数显著表明农户对与农业节水有关的规范的感知程度越强烈，越容易促进其农业节水行为的实施。主观规范对社交型农业节水行为影响不显著表明主观规范会加强外部群体对个体行为的约束，但并未将这种约束效应进行反馈。

自我效能对公民型农业节水行为影响显著为正，标准化路径系数为 0.256。自我效能对习惯型农业节水行为、技术型农业节水行为和社交型农业节水行为的正向影响均不显著（p>0.05）。因此，假设 6a 部分成立。此结论验证了自我效能会影响农户的公民型农业节水行为意向。但与此同时，自我效能是个体产生行为动机的基础，当个体有信心能通过采取行动得到预期的结果时便会采取行动，否则将不会采取行动[295]。在习惯型农业节水行为、技术型农业节水行为和社交型农业节水行为过程中可能存在诸多结果的不确定性，从而导致影响效果不显著。

行为态度作用于习惯型农业节水行为、技术型农业节水行为和社交型农业节水行为的标准化路径系数均显著为正（p<0.05），标准化路径系数分别为 0.248、0.280 和 0.118，表明态度变量对农民实施习惯型、技术型和社交型农业节水行为的意愿产生了积极影响，这与 Rezaei 的研究发现较为一致[296]，表明激励农户实施节水行为的主要先决条件之一是对这些行为形成积极的态度。当农户认为某种行为是合理的和有价值的并相信其会带来积极结果时，更有可能对该行为形成有利判断，从而产生参与该行为的意图。行为态度作用于公民型农业节水行为的标准化路径系数不显著（p>0.05），可能的原因是农户对公民型农业节水行为认知较为模糊，对行为本身及其所产生的结果尚未形成一个确切的判断。因此，假设 7a 部分成立。

环境认同显著正向影响习惯型农业节水行为和社交型农业节水行为，标准化路径系数分别为 0.249 和 0.068，但环境认同对技术型农业节水行为和公民型农业节水行为的路径系数不显著。因此，假设 8a 部分成立。结论也充分表明环境行为认同对农业节水行为有显著的正向影响，即认同度越高的农户，参与农业节水行为的可能性越大，但同时也表明，对于成本较高和正外部性较强的技术型和公民型农业节水行为，个体积极性较低，环境认同的影响作用较弱，后续的研究将会证明激励型政策手段可促进环境行为认同向环境行为的转化。

4.4.2　农户心理因素作用于农业节水行为意愿的效应分析

4.4.2.1　模型适配度检验

对模型进行适配度检验，结果如表 4-12 所示，卡方自由度之比为 2.874（小于 3），RMR 为 0.034（小于 0.05），RMSEA 为 0.049（小于 0.05），GFI 为 0.990（大于 0.90），AGFI 为 0.956（大于 0.90）；增值适配度拟合结果显示，NFI 为 0.971，RFI 为 0.893，IFI 为 0.981，TLI 为 0.928，CFI 为 0.980，均大于或接近于 0.90。综合以上各类评价指标结果可以认为，所收集的数据与结构方程模型的拟合度良好，可以进行进一步的路径效应分析。

表 4-12　结构方程模型适配度检验结果

评价类型	适配度指数	适配标准或者临界值	检验结果	模型适配度判断
绝对适配度	卡方自由度比	1~3 最佳；5 以下可接受	2.874	符合
	RMR	<0.05	0.034	符合
	RMSEA	<0.05 最佳；<0.08 可接受	0.049	符合
	GFI	>0.9	0.990	符合
	AGFI	>0.9	0.956	符合
增值适配度	NFI	>0.9	0.971	符合
	RFI	>0.9	0.893	接近
	IFI	>0.9	0.981	符合
	TLI	>0.9	0.928	符合
	CFI	>0.9	0.980	符合

4.4.2.2　效应分析与假设检验

表 4-13 给出了农户心理因素作用于农业节水行为意愿的标准化路径分析结果。结果显示，生态环境价值观、环境责任感、水资源稀缺性感知、主观规范、自我效能、行为态度和环境认同作用于农业节水行为意愿的标准化路径系数均显著（$P<0.05$），表明假设 2b、假设 3b、假设 4b、假设 5b、假设 6b、假设 7b 和假设 8b 均成立，反映出心理因素是行为意愿的关键预测变量。从路径系数大小来看，环境责任感对农业节水行为意愿的路径系数值最大，表明相比于其他心理因素，较高的环境责任感更容易转化为农业节水行为意愿。

表 4-13　心理因素作用于农业节水行为意愿的路径分析

路径	路径系数	CR	p 值	假设检验结论
农业节水行为意愿←生态环境价值观	0.106	3.240	0.001	支持
农业节水行为意愿←环境责任感	0.281	8.572	0.000	支持
农业节水行为意愿←水资源稀缺性感知	0.120	3.669	0.000	支持
农业节水行为意愿←主观规范	0.124	3.790	0.000	支持
农业节水行为意愿←自我效能	0.078	2.386	0.017	支持
农业节水行为意愿←行为态度	0.068	2.086	0.037	支持
农业节水行为意愿←环境认同	0.128	3.909	0.000	支持

4.4.3 农户农业节水行为意愿作用于农业节水行为的效应分析

4.4.3.1 模型适配度检验

对农业节水行为意愿作用于农业节水行为的关系模型做适配度检验，对初始结果进行修正后，模型适配度拟合指标如表4-14所示。由表4-14可知，模型总体拟合情况较好，样本数据与模型的契合程度较高，模型可以接受。

表4-14 结构方程模型适配度检验结果

评价类型	适配度指数	适配标准或者临界值	检验结果	模型适配度判断
绝对适配度	卡方自由度比	1~3最佳；5以下可接受	2.930	符合
	RMR	<0.05	0.028	符合
	RMSEA	<0.05最佳；<0.08可接受	0.049	符合
	GFI	>0.9	0.993	符合
	AGFI	>0.9	0.978	符合
增值适配度	NFI	>0.9	0.971	符合
	RFI	>0.9	0.942	符合
	IFI	>0.9	0.981	符合
	TLI	>0.9	0.961	符合
	CFI	>0.9	0.981	符合

4.4.3.2 效应分析与假设检验

从标准化路径分析结果可以看出（见表4-15），农业节水行为意愿作用于四种农业节水行为的作用路径系数标准化估计值均在0.01的水平上显著，标准化路径系数分别为：习惯型农业节水行为（0.355）、技术型农业节水行为（0.294）、社交型农业节水行为（0.217）、公民型农业节水行为（0.210）。因此证明，农业节水行为意愿对农业节水行为有显著正向影响。此结论验证了意愿是预测行为的最佳指标和捕捉行为动机的中心因素[297]。从作用强度来看，农业节水意愿对四种农业节水行为的作用强度均不大，可能是存在着意愿行为差距，这为后续的研究埋下伏笔。还可以发现，农业节水意愿对习惯型农业节水行为的影响强度最大，可能的原因是，习惯型农业节水行为操作技术简单、经济成本较低、风险较小、利益相对明显，导致意愿与行为的一致性较高。

表 4-15　农业节水意愿作用于农业节水行为的路径分析

路径	路径系数	CR	p 值	假设检验结论
习惯型农业节水行为←农业节水行为意愿	0.355	10.702	0.000	支持
技术型农业节水行为←农业节水行为意愿	0.294	8.655	0.000	支持
社交型农业节水行为←农业节水行为意愿	0.217	6.267	0.000	支持
公民型农业节水行为←农业节水行为意愿	0.210	6.045	0.000	支持

4.4.4　农户农业节水行为意愿的中介效应分析

本节使用 Amos23 软件的 Bootstrap 法，重复抽样 2000 次，采用极大似然方法剖析农业节水意愿的中介效应。在前文研究的基础上，构建包含农户心理因素、农业节水行为意愿和农业节水行为（习惯型农业节水行为、技术型农业节水行为、社交型农业节水行为、公民型农业节水行为）的结构方程全模型，并进行相应的路径分析和研究假设检验。由于本书的农业节水行为包含四个维度（习惯型节水行为、政策型节水行为、社交型节水行为和公民型节水行为），因此，假设检验分别从四个维度展开。此外，本节中介效应相应路径检验中未考虑直接效应检验中不显著的作用路径。具体检验步骤为：首先进行总效应的估算与检验，如果总效应显著，说明可能存在中介效应；其次进行间接效应的估算与检验，如果间接效应不显著，说明不存在中介效果，如果间接效果显著，则说明存在中介效应；最后进行直接效应的估算与检验，如果直接效应不显著，则说明存在完全中介效应，否则存在部分中介效应。

4.4.4.1　农户心理因素、农业节水行为意愿和习惯型农业节水行为的中介效应分析

（1）模型适配度检验。

对农户农业节水行为意愿作用于心理因素和习惯型农业节水行为的关系模型做适配度检验，对初始结果进行修正后，模型适配度拟合指标如表 4-16 所示。由表 4-16 可知，该结构方程模型的整体拟合状况比较理想，样本数据与模型的契合程度较高，可观测变量对潜变量、潜变量对潜变量的解释力均较好，可以进行路径回归分析。

表4-16　结构方程模型适配度检验结果

评价类型	适配度指数	适配标准或者临界值	检验结果	模型适配度判断
绝对适配度	卡方自由度比	1~3最佳；5以下可接受	1.393	符合
	RMR	<0.05	0.023	符合
	RMSEA	<0.05最佳；<0.08可接受	0.044	符合
	GFI	>0.9	0.998	符合
	AGFI	>0.9	0.912	符合
增值适配度	NFI	>0.9	0.990	符合
	RFI	>0.9	0.733	不符合
	IFI	>0.9	0.992	符合
	TLI	>0.9	0.759	不符合
	CFI	>0.9	0.991	符合

（2）效应分析。

结构方程模型中介效应检验结果如表4-17所示。由表4-17可知，生态环境价值观对习惯型农业节水行为中介效应的总效应和间接效应均显著，表明生态环境价值观对习惯型农业节水行为的中介效应存在，进一步检验直接效应，发现直接效应也显著，可以断定，生态环境价值观对习惯型农业节水行为的中介效应存在，且为部分中介效应。

表4-17　心理因素对习惯型农业节水行为的中介效应检验结果

作用路径	总效应		间接效应		直接效应		中介效应检验结果
	系数	p值	系数	p值	系数	p值	
习惯型农业节水行为←节水行为意愿←生态环境价值观	0.229	0.001	0.045	0.001	0.184	0.001	部分中介效应
习惯型农业节水行为←节水行为意愿←水资源稀缺性感知	0.144	0.001	0.024	0.013	0.120	0.004	部分中介效应
习惯型农业节水行为←节水行为意愿←主观规范	0.104	0.005	0.055	0.001	0.049	0.158	完全中介效应
习惯型农业节水行为←节水行为意愿←行为态度	0.309	0.001	0.044	0.001	0.265	0.001	部分中介效应

农户环境责任感对习惯型农业节水行为中介效应的总效应和间接效应均显

著，表明环境责任感对习惯型农业节水行为中介效应存在。进一步检验直接效应，发现直接效应也显著，可以断定，环境责任感对习惯型农业节水行为的中介效应存在，且为部分中介效应。

农户主观规范对习惯型农业节水行为的总效应显著，间接效应也显著，而直接效应不显著，表明主观规范对习惯型农业节水行为的中介效应显著，且为完全中介效应。

农户行为态度对习惯型农业节水行为中介效应的总效应和间接效应均显著，表明行为态度对习惯型农业节水行为中介效应存在。进一步检验直接效应，发现直接效应也显著，可以断定，行为态度对习惯型农业节水行为的中介效应存在，且为部分中介效应。

4.4.4.2　农户心理因素、农业节水行为意愿和技术型农业节水行为的中介效应分析

（1）模型适配度检验。

对农户农业节水行为意愿作用于心理因素和技术型农业节水行为的关系模型做适配度检验，对初始结果进行修正后，模型适配度拟合指标如表 4-18 所示。由表 4-18 可知，模型总体拟合情况良好，模型可以接受。

表 4-18　结构方程模型适配度检验结果

评价类型	适配度指数	适配标准或者临界值	检验结果	模型适配度判断
绝对适配度	CMIN/DF	5 以下可接受	2.711	符合
	RMSEA	<0.05 最佳；<0.08 可接受	0.046	符合
增值适配度	NFI	>0.9	0.976	符合
	RFI	>0.9	0.893	接近
	IFI	>0.9	0.984	符合
	TLI	>0.9	0.930	符合
	CFI	>0.9	0.984	符合

（2）效应分析。

结构方程模型中介效应检验结果如表 4-19 所示。由表 4-19 可知，农户生态环境价值观对技术型农业节水行为中介效应的总效应和间接效应均显著，表明生态环境价值观对技术型农业节水行为的中介效应存在。进一步检验直接效应，发

现直接效应 p>0.05，不显著，可以断定，农户生态环境价值观对技术型农业节水行为的中介效应存在，且为完全中介效应。

表 4-19　心理因素对技术型农业节水行为的中介效应检验结果

作用路径	总效应		间接效应		直接效应		中介效应检验结果
	系数	p 值	系数	p 值	系数	p 值	
技术型农业节水行为←节水行为意愿←生态环境价值观	0.089	0.018	0.022	0.001	0.067	0.079	完全中介效应
技术型农业节水行为←节水行为意愿←环境责任感	0.120	0.001	0.025	0.001	0.095	0.005	部分中介效应
技术型农业节水行为←节水行为意愿←主观规范	0.300	0.001	0.019	0.001	0.281	0.001	部分中介效应
技术型农业节水行为←节水行为意愿←行为态度	0.120	0.002	0.048	0.001	0.072	0.055	完全中介效应

农户环境责任感对技术型农业节水行为中介效应的总效应和间接效应均显著，表明环境责任感对技术型农业节水行为的中介效应存在。进一步检验直接效应，发现直接效应也显著，可以断定，农户环境责任感对技术型农业节水行为的中介效应存在，且为部分中介效应。

农户主观规范对技术型农业节水行为中介效应的总效应和间接效应均显著，表明主观规范对技术型农业节水行为的中介效应存在。进一步检验直接效应，发现直接效应也显著，可以断定，农户主观规范对技术型农业节水行为的中介效应存在，且为部分中介效应。

农户行为态度对农业节水行为中介效应的总效应和间接效应均显著，表明行为态度对技术型农业节水行为的中介效应存在。进一步检验直接效应，发现直接效应不显著，可以断定，农户行为态度对技术型农业节水行为的中介效应存在，且为完全中介效应。

4.4.4.3　农户心理因素、农业节水行为意愿和社交型农业节水行为的中介效应分析

（1）模型适配度检验。

对农户农业节水行为意愿作用于心理因素和社交型农业节水行为的关系模型做适配度检验，对初始结果进行修正后，模型适配度拟合指标如表 4-20 所示。由模型适配度指数检验结果可知，模型总体拟合情况达到可接受水平，模型可以

进行进一步分析。

表 4-20　结构方程模型适配度检验结果

评价类型	适配度指数	适配标准或者临界值	检验结果	模型适配度判断
绝对适配度	CMIN/DF	1~3 最佳；5 以下可接受	2.348	符合
	RMSEA	<0.05 最佳；<0.08 可接受	0.041	符合
增值适配度	NFI	>0.9	0.983	符合
	RFI	>0.9	0.908	符合
	IFI	>0.9	0.990	符合
	TLI	>0.9	0.945	符合
	CFI	>0.9	0.990	符合

（2）效应分析。

结构方程模型中介效应检验结果如表 4-21 所示。由表 4-21 可知，农户生态价值观对社交型农业节水行为中介效应的总效应和间接效应均显著，表明生态价值观对社交型农业节水行为的中介效应存在。进一步检验直接效应，发现直接效应不显著，可以断定，农户生态价值观对社交型农业节水行为的中介效应存在，且为完全中介效应。

表 4-21　心理因素对社交型农业节水行为的中介效应检验结果

作用路径	总效应		间接效应		直接效应		中介效应检验结果
	系数	p 值	系数	p 值	系数	p 值	
社交型农业节水行为←节水行为意愿←生态环境价值观	0.095	0.018	0.028	0.002	0.067	0.107	完全中介效应
社交型农业节水行为←节水行为意愿←环境责任感	0.063	0.069	0.032	0.001	0.032	0.361	完全中介效应
社交型农业节水行为←节水行为意愿←水资源稀缺性感知	0.286	0.001	0.018	0.019	0.269	0.001	部分中介效应
社交型农业节水行为←节水行为意愿←行为态度	0.170	0.001	0.067	0.001	0.104	0.004	部分中介效应
社交型农业节水行为←节水行为意愿←环境认同	0.053	0.208	0.032	0.001	0.021	0.639	完全中介效应

农户环境责任感对社交型农业节水行为的总效应不显著，但间接效应显著，

进一步分析发现直接效应也不显著，表明环境责任感对社交型农业节水行为的中介效应显著，且为完全中介效应。

农户水资源稀缺性感知对社交型农业节水行为中介效应的总效应和间接效应均显著，进一步分析发现直接效应也显著，表明水资源稀缺性感知对社交型农业节水行为的中介效应显著，且为部分中介效应。

农户行为态度对社交型农业节水行为中介效应的总效应和间接效应均显著，进一步分析发现直接效应也显著，表明行为态度对社交型农业节水行为的中介效应显著，且为部分中介效应。

农户主观规范对社交型农业节水行为中介效应的总效应不显著，但间接效应显著，进一步分析发现直接效应也不显著。因此，农户主观规范通过农业节水行为意愿影响社交型农业节水行为中介效应存在，且为完全中介效应。

4.4.4.4 农户心理因素、农业节水行为意愿和公民型农业节水行为的中介效应分析

（1）模型适配度检验。

对农户农业节水行为意愿作用于心理因素和公民型农业节水行为的关系模型做适配度检验，对初始结果进行修正后，模型适配度拟合指标如表4-22所示。由表4-22可知，模型拟合指数达到可接受水平，总体拟合情况较好，可以进行进一步分析。

表4-22 结构方程模型适配度检验结果

评价类型	适配度指数	适配标准或者临界值	检验结果	模型适配度判断
绝对适配度	CMIN/DF	1~3最佳；5以下可接受	2.364	符合
	RMSEA	<0.05最佳；<0.08可接受	0.041	符合
增值适配度	NFI	>0.9	0.986	符合
	RFI	>0.9	0.931	符合
	IFI	>0.9	0.992	符合
	TLI	>0.9	0.959	符合
	CFI	>0.9	0.992	符合

（2）效应分析。

结构方程模型中介效应检验结果如表4-23所示。由表4-23可知，农户生态环境价值观对公民型农业节水行为中介效应的总效应显著，但间接效应不显著。因此，农户生态环境价值观通过农业节水行为意愿影响公民型农业节水行为的中介效应不存在。

表 4-23　心理因素对公民型农业节水行为的中介效应检验结果

作用路径	总效应		间接效应		直接效应		中介效应检验结果
	系数	p 值	系数	p 值	系数	p 值	
公民型农业节水行为←节水行为意愿←生态环境价值观	0.126	0.004	0.015	0.113	0.111	0.003	不存在
公民型农业节水行为←节水行为意愿←环境责任感	0.143	0.001	0.060	0.001	0.083	0.027	部分中介效应
公民型农业节水行为←节水行为意愿←水资源稀缺性感知	0.273	0.001	0.044	0.001	0.229	0.001	部分中介效应
公民型农业节水行为←节水行为意愿←主观规范	0.212	0.001	0.062	0.001	0.150	0.001	部分中介效应
公民型农业节水行为←节水行为意愿←自我效能	0.331	0.001	0.050	0.001	0.282	0.001	部分中介效应

农户环境责任感对公民型农业节水行为中介效应的总效应、间接效应和直接效应均显著，表明环境责任感对公民型农业节水行为的中介效应存在，且为部分中介效应。

农户水资源稀缺性感知对公民型农业节水行为中介效应的总效应、间接效应和直接效应均显著，表明水资源稀缺性感知对公民型农业节水行为的中介效应存在，且为部分中介效应。

农户主观规范对公民型农业节水行为中介效应的总效应、间接效应和直接效应均显著，表明主观规范对公民型农业节水行为的中介效应存在，且为部分中介效应。

农户自我效能感对公民型农业节水行为中介效应的总效应、间接效应和直接效应均显著，表明自我效能感对公民型农业节水行为的中介效应存在，且为部分中介效应。

4.4.4.5　农户农业节水行为意愿的中介效应假设检验

从农户农业节水行为意愿在生态环境价值观和农业节水行为间的中介效应的检验结果来看，农业节水行为意愿对生态环境价值观和习惯型农业节水行为之间的中介效应为部分中介，即农户生态价值观部分通过农业节水意愿作用于农业节水行为，部分直接作用于农业节水行为。农户农业节水行为意愿对生态价值观和技术型农业节水行为、社交型农业节水行为之间的中介效应为完全中介。农户农业节水行为意愿对生态价值观和公民型农业节水行为之间的中介效应不存在。因此，假设 2c 部分成立。

从农户农业节水行为意愿在环境责任感和农业节水行为间的中介效应的检验结果来看，农业节水行为意愿对环境责任感和习惯型农业节水行为之间的中介效应不存在。农户农业节水行为意愿在环境责任感对技术型农业节水行为和公民型农业节水行为之间的中介效应为部分中介，即环境责任感部分通过农业节水行为意愿作用于技术型农业节水行为和公民型农业节水行为，部分直接作用于技术型农业节水行为和公民型农业节水行为。农户农业节水行为意愿在环境责任感对社交型农业节水行为之间的中介效应为完全中介，即环境责任感完全通过农业节水行为意愿作用于社交型农业节水行为。因此，假设 3c 部分成立。

从农户农业节水行为意愿在水资源稀缺性感知和农业节水行为之间的中介效应的检验结果来看，农业节水行为意愿在水资源稀缺性感知和习惯型农业节水行为、社交型农业节水行为和公民型农业节水行为之间的中介效应为部分中介。农户农业节水行为意愿对水资源稀缺性感知和技术型农业节水行为之间的中介效应不存在。因此，假设 4c 部分成立。

从农户农业节水行为意愿在主观规范和农业节水行为间的中介效应的检验结果来看，农业节水意愿对主观规范和习惯型农业节水行为之间的中介效应为完全中介，即主观规范完全通过农业节水行为意愿作用于习惯型农业节水行为。农业节水行为意愿在主观规范对技术型农业节水行为和公民型农业节水之间的中介效应为部分中介。农户农业节水行为意愿对主观规范和社交型农业节水行为之间的中介效应不存在。因此，假设 5c 部分成立。

从农户农业节水意愿在自我效能感和农业节水行为间的中介效应的检验结果来看，农业节水行为意愿对自我效能感和习惯型农业节水行为、技术型农业节水行为和社交型农业节水行为之间的中介效应均不存在。农户农业节水行为意愿对自我效能感和公民型农业节水行为之间的中介效应为部分中介。因此，假设 6c 部分成立。

从农户农业节水意愿对行为态度和农业节水行为间的中介效应的检验结果来看，农业节水意愿在行为态度对习惯型农业节水行为和社交型农业节水行为之间的中介效应为部分中介。农户农业节水意愿对技术型农业节水行为之间的中介效应为完全中介。农户农业节水行为意愿对公民型农业节水行为之间的中介效应不存在。因此，假设 7c 部分成立。

从农户农业节水行为意愿对环境认同和农业节水行为间的中介效应的检验结果来看，农户农业节水行为意愿在环境认同对习惯型农业节水行为、技术型农业节水行为和公民型农业节水行为之间的中介效应均不存在。农户农业节水行为意愿在环境认同对社交型农业节水行为之间的中介效应为完全中介。因此，假设 8c 部分成立。

4.5　本章小结

基于前文的理论分析和数据整理，本章利用 SPSS、AMOS 统计软件重点考察了农户心理因素对农业节水行为意愿的影响。具体来看，第一，基于农户农业节水行为理论模型，就心理因素对农业节水行为的影响机制进行了阐释并提出相关研究假设，建立本章研究假设体系，为后续实证分析提供理论依据。第二，运用 SPSS 软件对数据进行了正态性、信度、效度和相关性检验。第三，利用结构方程模型对心理因素直接作用于农业节水行为意愿的假设进行了验证，结果发现：生态环境价值观、环境责任感等个体心理因素变量能直接地影响农户农业节水行为意愿和行为。具体来看，个体心理因素中的生态环境价值观、水资源稀缺性感知、主观规范、行为态度和环境认同能够显著影响习惯型农业节水行为；农户心理因素中的生态环境价值观、环境责任感、主观规范、行为态度均能够显著地直接影响农户的技术型农业节水行为；农户心理因素中的生态环境价值观、环境责任感、水资源稀缺性感知、行为态度、环境认同均能够显著地直接影响农户的社交型农业节水行为；农户心理因素中的生态环境价值观、环境责任感、水资源稀缺性感知、行为态度、环境认同均能够显著地直接影响农户的社交型农业节水行为。第四，运用 Bootstrap 方法对中介变量农业节水意愿对个体心理因素变量与农业节水行为之间的中介效应及假设进行了检验，结果表明，农业节水行为意愿在心理因素对农业节水行为的影响中存在中介效应的作用。具体来看，农业节水意愿在生态环境价值观、水资源稀缺性感知、主观规范、行为态度和习惯型农业节水行为间的中介效应路径均显著；在生态环境价值观、环境责任感、主观规范、行为态度和技术型农业节水行为间的中介效应均显著；在生态环境价值观、环境责任感、水资源稀缺性感知、行为态度、环境认同和社交型农业节水行为间的中介效应均显著；在环境责任感、水资源稀缺性感知、主观规范、自我效能感和公民型农业节水行为间的中介效应均显著。

第5章 农户心理因素对农业节水行为驱动效应的模拟研究

第4章实证结果显示，样本农户农业节水行为由农业节水行为意愿和心理因素共同决定。考虑到农户心理因素可能对农业节水行为存在非线性的系统性特征及农户行为本身所具有的复杂性特点，而 RBF 神经网络能够逼近任意复杂非线性函数，符合本书研究数据特征。因此，本章基于实际调查问卷数据，依据第4章农户农业节水行为影响路径，利用神经网络来拟合农户农业节水行为与心理因素之间的相互关系，客观评价农户心理因素对农业节水行为的预测准确度。分析步骤为：首先得到农业节水行为综合判别结果；其次构建农业节水行为 RBF 神经网络模型，模拟预测心理因素对农业节水行为综合判别结果的影响，并对不同节水行为影响因素的相对重要性进行对比分析。

5.1 研究方法

5.1.1 RBF 神经网络模型

人工神经网络（Artificial Neural Network，ANN）是20世纪80年代以后人工智能领域兴起的研究热点，是在对人脑组织结构和运行机制认识和理解的基础之上，采用大数量神经元通过其丰富的连接而构成的自适应非线性动态系统[298]。其本质原理是通过模仿生物神经网络的特性，对从由外界或其他神经元所获得的信息进行运算加权处理，再将其结果反馈到与外界相联的其他神经元上[299]。

径向基（Radial Basis Function，RBF）神经网络由 Moody 和 Darken 提出，它克服了传统的 BP 神经网络算法收敛速度慢、容易陷入局部极值等局限，成为人工神经网络模式应用中较为广泛的一种[300]。RBF 神经网络是一种性能良好的前馈反向传播网络，具有收敛速度快、结构简单、非线性映射功能强的特点，并且它还具有极强的自适应性和泛化能力，不仅能够有效地处理输入样本自身之间的联系，还能处理与输入样本数据相似的数据[301]。

5.1.2　RBF 神经网络结构

RBF 神经网络是一种性能优良的前馈型三层神经网络，包括输入层、隐含层和输出层。网络结构如图 5-1 所示。输入层由信号源节点组成，仅负责传输信号到隐含层的作用，对输入信息不进行变换。隐含层为径向基层，负责对网络输入进行非线性空间映射的变换，映射函数即 RBF，该函数是局部响应函数（常使用高斯函数）。输出层对输入模式做出响应，通常是对隐含层神经元输出的线性加权求和。

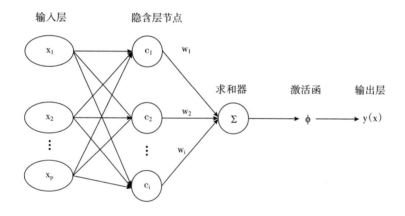

图 5-1　RBF 神经网络基本结构

在 RBF 神经网络结构中，p 表示网络具有 P 个输入，x_p 为第 p 输入样本，p=1，2，…，P；i 表示网络具有 i 个隐节点；c_i 表示径向基函数的中心；w_i 表示隐含层到输出层的网络权值，即输出权。

利用 RBF 神经网络进行预测的基本思想是：输入层的各影响因素通过 RBF 激活函数映射到隐含层，并通过学习算法确定网络权向量[302]，网络的输出模型的线性方程表达式为：

$$y(x) = \sum_{i=1}^{I} w_{ij}\varphi_j(\|x_p - c_i\|) \tag{5-1}$$

其中，$y(x)$ 表示实际输出；$\|\cdot\|$ 表示欧式范数；j 表示输出节点。

在 RBF 神经网络学习的过程中需要求解的参数有 3 个，即径向基函数的中心 c_i、高斯函数方差 σ 以及隐含层到输出层的权值 w_{ij}，具体公式为：

$$\varphi(\|x_p - c_i\|) = \exp\left(\frac{-\|x_p - c_i\|^2}{2\sigma^2}\right) \tag{5-2}$$

5.2　农户农业节水行为神经网络模型构建

5.2.1　农户节水行为识别

量表中关于意愿与行为的考察是通过李克特 5 级量表的考察方式进行计量的。与前文关于意愿与行为的考察方式不同，本节通过二变量进行统计，因此需要对指标选项进行修改。针对农业节水行为，利用主成分分析法获得各类型农业节水行为的综合得分。前文量表检验表明样本数据已经通过了适用性检验，这里不再赘述。题项中，受访户回答的选项包括"从未如此""几乎很少如此""偶尔如此""大多数时候如此""经常如此"，依次赋值 1~5，因此，农业节水行为综合得分也在 1~5。根据题项设计，可将各类型农业节水行为综合得分在 3 分及以上的受访者判别为存在农业节水行为，并赋值 1；将综合得分在 3 分以下的受访者判别为不存在农业节水行为，并赋值 0。

5.2.2　模型适用性分析

根据前文实证分析结果，环境价值观、环境责任感、水资源稀缺性感知、主观规范、自我效能、行为服从和环境认同均能通过农业节水行为意愿间接作用于农业节水行为。考虑到环境价值观、环境责任感、水资源稀缺性感知、主观规范、自我效能、行为态度和环境认同可能对农业节水行为存在非线性的系统性特征及农业节水行为具有复杂性特点，而 RBF 神经网络能够逼近任意复杂非线性函数，符合本书研究数据特征。因此，采用 BF 神经网络进行分析。

5.2.3　模型构建

在本书中，输入层为环境价值观、环境责任感、水资源稀缺性感知、主观规范、自我效能、行为态度和环境认同 7 个变量，输出层为农业节水行为的二分类变量。所构建的农业节水行为 RBF 神经网络模型如图 5-2 所示。图 5-2 中的农业节水行为 RBF 神经网络模型为"7-i-2"结构，即网络具有 7 个输入、i 个隐节点和 2 个输出。$\varphi(\cdot)_i$ 表示第 i 个隐节点的激活函数；c_i 表示第 i 个基函数的中心点；$\|x-c_i\|$ 表示 x 到中心点 c_i 的距离，$\sum$ 为输出层节点。借鉴已有研究[303]，本章采用最常用的 RBF 高斯函数作为激活函数实现输出层同隐含层之间的映射。

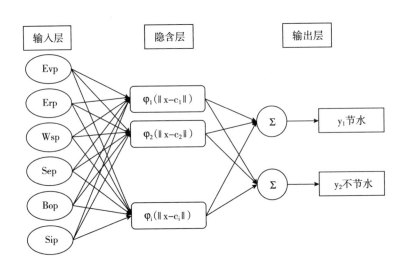

图 5-2　农业节水行为 RBF 神经网络模型构建

5.3　模拟结果分析

从 793 份数据中随机抽取 500 份。基于此 500 份数据建立人工神经网络，并按照 7∶3 的拆分比例将样本进行拆分，其中 350 份样本作为训练集，剩余 150

份样本作为验证集。

5.3.1　习惯型农业节水行为模拟结果

5.3.1.1　模型预测结果分析

通过对比模型输出值和实际值的平均误差率，在误差效果达到理想状态后，最终确定农户习惯型农业节水行为 RBF 神经网络的模拟结构。模型整体预测结果如表 5-1 所示，可以看出，训练集预测错误率为 8.80%，检验集预测错误率为 13.20%，即该模型整体预测准确率为 86.8%～91.2%，说明基于 RBF 神经网络构建的农业节水行为预测模型适用习惯型农业节水行为的预测，且模型预测的精确度较高。

表 5-1　习惯型农业节水行为模型整体预测结果

因变量	习惯型农业节水行为	
训练	平方和误差	34.858
	不正确预测百分比	8.80%
	训练时间	00：25.7
检验	平方和误差	9.318
	不正确预测百分比	13.20%

模型的分类预测结果如表 5-2 所示，结果显示，训练集中，模型对于节水的预测正确率为 86.4%，而对于不节水的预测正确率为 94.8%；检验集中，模型对于节水的预测正确率为 80.0%，而对于不节水的预测正确率为 93.5%。总体来看，模型对不节水的预测正确率远远高于对节水的预测正确率。图 5-3 为习惯型农业节水行为预测——实测图，图中横轴表示节水行为类别，纵轴则代表模型计算出的类别预测拟概率，两种颜色的箱图分别代表拟概率所对应的实际类别。判别标准为：如果模型预测效果好，则两种颜色柱状箱图应当彼此上下错开，若柱状图重叠部分越多，则表明预测效果越差。由图 5-3 可以发现，对于习惯型农业节水行为，无论是节水还是不节水行为，深灰色和浅灰色两个柱状体上下错开位置均较为明显，进一步表明在习惯型农业节水行为的分析中，此人工神经网络与实际调查数据的拟合度效果较好。

表5-2 习惯型农业节水行为模型分类预测结果

因变量		习惯型农业节水行为		
样本	实测	预测		
		0	1	正确百分比（%）
训练	0	219	12	94.8
	1	24	152	86.4
	总计百分比（%）	59.7	40.3	91.2
检验	0	43	3	93.5
	1	9	36	80.0
	总计百分比（%）	57.1	42.9	86.8

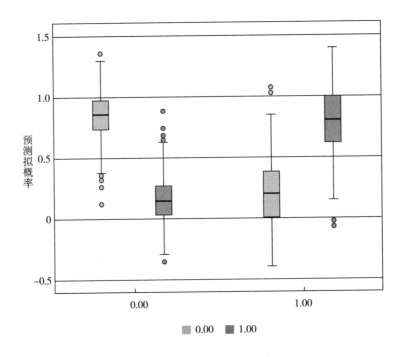

图5-3 习惯型农业节水行为预测——实测图

5.3.1.2 影响因素重要性分析

应用所构建的农业节水行为 RBF 神经网络模型，得到习惯型农业节水行为判别的影响因素重要性排序，如表5-3所示。由表5-3可知，对习惯型农业节水行为影响显著的五个心理因素，根据影响程度由大到小排序依次是主观规范、环境价值观、行为态度、水资源稀缺性感知、环境认同。

表 5-3　习惯型农业节水行为影响因素重要性排序对比

影响因素	重要性	正态化重要性（%）	排序
环境价值观	0.234	79.10	2
水资源稀缺性感知	0.135	45.60	4
主观规范	0.296	100.00	1
行为态度	0.206	69.40	3
环境认同	0.128	43.30	5

5.3.2　技术型农业节水行为模拟结果

5.3.2.1　模型预测结果分析

通过对比模型输出值和实际值的平均误差率，在误差效果达到理想状态后，最终确定农户技术型农业节水行为 RBF 神经网络的模拟结构。模型整体预测结果如表 5-4 所示，可以看出，训练集预测错误率为 7.40%，检验集预测错误率为 5.10%，即该模型整体预测准确率为 92.6%~94.9%，说明基于 RBF 神经网络构建的农业节水行为预测模型适用技术型农业节水行为的预测，且模型预测结果较好。

表 5-4　技术型农业节水行为模型整体预测结果

因变量	技术型农业节水行为	
训练	平方和误差	21.87
	不正确预测百分比	7.40%
	训练时间	00：13.0
检验	平方和误差	6.041
	不正确预测百分比	5.10%

模型的分类预测结果如表 5-5 所示，结果显示，训练集中，模型对于节水的预测正确率为 98.80%，而对于不节水的预测正确率为 69.80%；检验集中，模型对于节水的预测正确率为 99.10%，而对于不节水的预测正确率为 75.00%。总体来看，模型对不节水的预测正确率远远高于对节水的预测正确率。图 5-4 为技术

型农业节水行为预测——实测图，从图中可以看出，对于不节水行为，深灰色和浅灰色两个柱状体上下错开位置明显，表明对于不节水行为的预测准确度较高，而对于节水行为，深灰色和浅灰色两个柱状体存在部分重叠，反映出模型对于节水行为的预测准确度较低。整体来看，此人工神经网络与实际调查数据的拟合度效果较好。

表5-5　技术型农业节水行为模型分类预测结果

因变量		技术型农业节水行为		
样本	实测	预测		
		0	1	正确百分比（%）
训练	0	317	4	98.80
	1	26	60	69.80
	总计百分比（%）	84.30	15.70	92.60
检验	0	111	1	99.10
	1	6	18	75.00
	总计百分比（%）	86.00	14.00	94.90

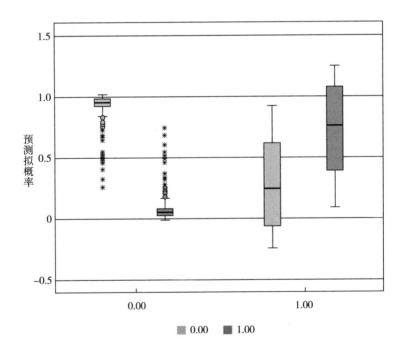

图5-4　技术型农业节水行为预测——实测图

5.3.2.2　影响因素重要分析

应用所构建的农业节水行为 RBF 神经网络模型，得到技术型农业节水行为判别的影响因素重要性排序，如表 5-6 所示。由表可知，对技术型农业节水行为影响显著的四个心理因素，根据影响程度由大到小排序依次是环境责任感、主观规范、行为态度、环境价值观。

表 5-6　技术型农业节水行为影响因素重要性排序对比

影响因素	重要性	正态化重要性（%）	排序
环境价值观	0.106	26.40	4
环境责任感	0.402	100.00	1
主观规范	0.332	82.50	2
行为态度	0.159	39.50	3

5.3.3　社交型农业节水行为模拟结果

5.3.3.1　模型预测结果分析

通过对比模型输出值和实际值的平均误差率，在误差效果达到理想状态后，最终确定农户社交型农业节水行为 RBF 神经网络的模拟结构。模型整体预测结果如表 5-7 所示，可以看出，训练集预测错误率为 10.80%，检验集预测错误率为 16.60%，即该模型整体预测准确率为 83.4%~89.2%，说明基于 RBF 神经网络构建的农业节水行为预测模型适用社交型农业节水行为的预测，且模型预测的精确度较高。

表 5-7　社交型农业节水行为模型整体预测结果

因变量	社交型农业节水行为	
	平方和误差	30.578
训练	不正确预测百分比	10.80%
	训练时间	00：00.2
检验	平方和误差	21.041
	不正确预测百分比	16.60%

模型的分类预测结果如表 5-8 所示，结果显示，训练集中，模型对于节水的

预测正确率为87.90%，而对于不节水的预测正确率为90.50%；检验集中，模型对于节水的预测正确率为88.00%，而对于不节水的预测正确率为79.20%。总体来看，模型对不节水的预测正确率远远高于对于节水的预测正确率。图5-5为社交型农业节水行为预测——实测图，从图中可以看出，无论是对于节水还是不节水行为，深灰色和浅灰色两个柱状体上下错开位置明显，进一步表明对于社交型农业节水行为，此人工神经网络与实际调查数据的拟合效果较好。

表5-8 社交型农业节水行为模型分类预测结果

因变量		社交型农业节水行为		
样本	实测	预测		
		0	1	正确百分比（%）
训练	0	181	25	87.90
	1	19	182	90.50
	总计百分比（%）	49.10	50.90	89.20
检验	0	81	11	88.00
	1	21	80	79.20
	总计百分比（%）	52.80	47.20	83.40

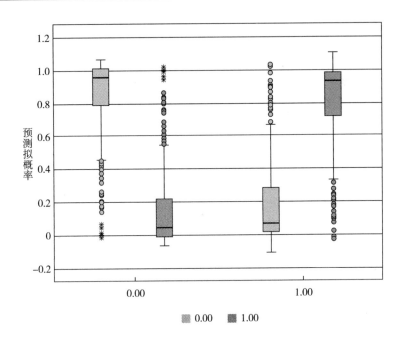

图5-5 社交型农业节水行为预测——实测图

5.3.3.2 影响因素重要分析

应用所构建的农业节水行为 RBF 神经网络模型，得到社交型农业节水行为判别的影响因素重要性排序，如表 5-9 所示。由表可知，对社交型农业节水行为影响显著的五个心理因素，根据影响程度由大到小排序依次是环境责任感、行为态度、环境价值观、环境认同、水资源稀缺性感知。

表 5-9 社交型农业节水行为影响因素重要性排序对比

影响因素	重要性	正态化重要性（%）	排序
环境价值观	0.212	83.10	3
环境责任感	0.255	100.00	1
水资源稀缺性感知	0.134	52.40	5
行为态度	0.222	87.20	2
环境认同	0.176	69.10	4

5.3.4 公民型农业节水行为模拟结果

5.3.4.1 模型预测结果分析

通过对比模型输出值和实际值的平均误差率，在误差效果达到理想状态后，最终确定农户公民型农业节水行为 RBF 神经网络的模拟结构。模型整体预测结果如表 5-10 所示，可以看出，训练集预测错误率为 10.40%，检验集预测错误率为 12.90%，即该模型整体预测准确率为 87.10% ~ 89.60%，说明基于 RBF 神经网络构建的农业节水行为预测模型适用公民型农业节水行为的预测，且模型预测结果较好。

表 5-10 公民型农业节水行为模型整体预测结果

因变量		公民型农业节水行为
训练	平方和误差	42.337
	不正确预测百分比	10.40%
	训练时间	00：14.5
检验	平方和误差	13.927
	不正确预测百分比	12.90%

模型的分类预测结果如表 5-11 所示，结果显示，训练集中，模型对于节水的预测正确率为 86.00%，而对于不节水的预测正确率为 93.40%；检验集中，模型对于节水的预测正确率为 82.50%，而对于不节水的预测正确率为 91.80%。总体来看，模型对不节水的预测正确率远远高于对于节水的预测正确率。图 5-6 为公民型农业节水行为预测——实测图，从图中可以看出，无论是对于节水还是不节水行为，深灰色和浅灰色两个柱状体上下错开位置明显，进一步表明对于公民型农业节水行为，此人工神经网络与实际调查数据的拟合度效果较好。

表 5-11　公民型农业节水行为模型分类预测结果

因变量		公民型农业节水行为		
		预测		
样本	实测	0	1	正确百分比（%）
训练	0	184	30	86.00
	1	14	197	93.40
	总计百分比（%）	46.60	53.40	89.60
检验	0	52	11	82.50
	1	5	56	91.80
	总计百分比（%）	46.00	54.00	87.10

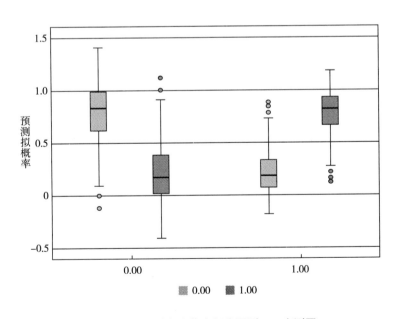

图 5-6　公民型农业节水行为预测——实测图

5.3.4.2　影响因素重要分析

应用所构建的农业节水行为 RBF 神经网络模型，得到公民型农业节水行为判别的影响因素重要性排序，如表 5-12 所示。由表 5-12 可知，对公民型农业节水行为影响显著的五个心理因素，根据影响程度由大到小排序依次是主观规范、环境价值观、自我效能、水资源稀缺性感知、环境责任感。

表 5-12　公民型农业节水行为影响因素重要性排序对比

	重要性	正态化重要性（%）	排序
环境价值观	0.241	82.40	2
环境责任感	0.090	30.70	5
水资源稀缺性感知	0.170	58.30	4
主观规范	0.292	100.00	1
自我效能	0.207	70.90	3

5.4　本章小结

鉴于农户农业节水行为具有非线性特征，本章基于 RBF 神经网络，构建农户农业节水行为 RBF 神经网络模型，客观评价各个心理因素对习惯型农业节水行为、技术型农业节水行为、社交型农业节水行为和公民型农业节水行为的预测准确度。模拟结果表明，农户心理因素是农业节水行为的预测因子，但对于不同类型的农业节水行为，各影响因素的重要性存在一定差异，表明通过影响农户心理因素引导农户节水行为的政策应根据不同节水行为进行差别化干预。

第6章 外部情境因素对农户农业节水行为引导效应的实证研究

根据环境行为理论模型中负责任的环境行为模型，外部情境因素是影响个体行为意向的关键变量之一。由于农户农业节水行为具有正外部性特征，外部情境因素中的正式制度——政策因素作为影响农业节水行为的一个重要的外部情境因素是无可置疑的。引导农户实施农业节水行为的政策措施是多种多样的，不同类型的政策对行为主体的作用机理不同。借鉴经济合作与发展组织（Organization for Economic Co-operation and Development，OECD）的划分标准，将农业节水政策工具分为激励型、命令控制型和宣传教育型三种。此外，相关研究表明，在农村熟人社会环境背景下，社会规范等非正式制度在引导农户行为中的作用比正式制度更为关键[304]。因此，本章将激励型、命令控制型和宣传教育型这三种正式制度因素和社会规范非正式制度因素引入本书研究框架，探究其对促进农户农业节水行为实施的作用关系。

6.1 理论分析与研究假设提出

农业亲环境行为是缓解当前农业污染和资源短缺困境的有效途径，但需要农户个体承担相应的行动成本或风险，作为理性行动者的农户可能因此缺乏自愿参与的动机。为此，理解农户的环境行为并设计有针对性的引导政策已成为农业环境保护领域的重点研究课题。

根据"意识—情景—行为"理论，个体亲环境行为是由个体意识和外部情

境因素共同作用的结果，外部情境因素主要是通过调节作用影响个体意识与亲环
境行为的关系，换句话说，情境因素在个体意识对亲环境行为的影响路径中起调
节作用。同时，当中介作用与调节作用共同存在时，就有可能存在有调节的中介
效应。根据第 5 章的研究结论，农业节水行为意愿在个体心理因素与农业节水行
为之间起中介作用，情境因素会调节农业节水意愿与农业节水行为之间的关系。
与此同时，情境因素也可能调节农业节水行为意愿在个体心理因素与农业节水行
为之间的中介作用，即可能存在有调节的中介作用。因此，为了深入剖析外部情
境因素对农户农业节水行为的影响过程，参照前述关于政策因素的研究，将政策
因素分为激励型政策因素、命令控制型政策因素和宣传教育型政策因素三类，同
非正式制度社会规范一同引入模型，剖析外部情境因素对农户农业节水行为的作
用机理。本节将在农户农业节水行为理论模型的基础上针对三类政策因素和社会
规范对农业节水行为的作用路径进行研究假设。

6.1.1　外部情境因素的调节效应假设

6.1.1.1　激励型政策因素的调节作用

"理性经济人"假设中提出，作为经济决策的主体，其行为决策的最终目标
都是最大化自身利益。环境具有公共物品属性，通常在没有外部经济刺激的情况
下，作为理性的小农很少或不会为公共物品做任何贡献，因为他仍然可以以牺牲
其他人的努力为代价而获得不可排他的集体利益[305]。根据态度形成的三阶段学
说，个体会为了物质和精神上的满足，或是为了避免惩罚而表现出服从倾向。结
合亲环境行为研究，经济激励机制通过资金、实物补贴等一系列经济手段的运用
降低了行为实施成本，使农户得到物质上的满足，进而诱导农户主动实施亲环境
行为倾向[306]。此外，个体活动往往是"镶嵌"在社会关系及网络中的，人们在
追求物质激励的同时也追求社会认同。相关研究也表明，农户自觉践行亲环境行
为的动机主要来源于农民的人情、面子的维护和对家庭声誉的关注[307]。因此，
结合态度形成的三阶段学说，声誉激励会使农户获得精神上的满足，从而改善亲
环境行为实施态度。在环境行为的研究中，总体上多数学者基于理性经济人视
角，认同激励政策的对于促进行为发生的重要性。如余威震等认为当农户意识到
施用有机肥可以获得一定政府补贴时，其施用有机肥的积极性就会提升[289]。韩
洪云和喻永红基于调研数据，运用成本流、保护拍卖和选择实验法研究发现适当
的补贴是提高农户退耕还林行为，确保生态可持续性的重要手段[308]。农业节水

行为作为环境行为的一种，从理论上讲也受到激励政策的正向影响。基于此，本书提出如下研究假设：

H9：激励型政策因素显著正向调节农户农业节水行为意愿与农业节水行为的关系。

6.1.1.2 命令控制型政策因素的调节作用

灌溉水具有准公共物品的属性，而农村农业节水行为不仅是农户家庭的行为，也是一项村级公共事务，在水权无法界定的情况下，很容易出现"搭便车"的现象。然而，监督的外部性可以在一定程度上内化为行为主体的行为成本，从而降低"搭便车"的可能性[309]。换而言之，农户在农业灌溉行为中会考虑因浪费水资源而被监督者发现，进而被批评、惩罚等的风险。监督对亲环境行为改善的作用已经达到学者共识。如刘承毅和王建明调查发现监督是遏制垃圾处理中的违规行为的有效手段[310]。孙前路等的研究表明保洁员监督对农户参与人居环境整治意愿与行为均产生显著的积极影响，而村民监督有利于农户参与意愿向参与行为转化[311]。

尽管我国关于农业节水的法规相对偏弱，没有专门针对农户节水行为出台具体的基于农户层面的法规政策，但是仍散见于各种相关法规和生活之中。政府推行的各种环境保护政策规定都能直接影响个体的亲环境行为态度。这种作用具体表现在农户对有关水资源环境保护政策与法规的认知会引起个体对于水资源环境的关注和保护意识，而个体对于水资源环境的关注可以显著影响个体农业节水意愿和行为。

水价是调节水资源供需的杠杆，也是实现水资源管理的惩罚性手段。水价收费政策包括计量水价和按亩收费两种。按亩收费政策下农业用水量与收取的水费无关，从而难以形成有效的激励效应，节水效果有限[312]。关于计量水价对农民微观主体节水行为影响的研究结果尚存争议。一些学者认为，价格机制能有效节约用水量，有较好的节水效果[313]，但在控制农业用水量的同时，也会影响农业生产效益及意愿，威胁粮食安全[314]；另一些学者认为由于农业用水需求价格弹性较低，较低的灌溉水价使得农民对水价并不敏感，因此计量水价提高不能产生显著的节水效果，无法达到节约用水的目的[315]。而胡继连和王秀鹃认为根据节水成本确定农业水价并使节水收益大于节水成本后即可实现内在节水激励[133]。

根据上述分析，命令控制型政策因素对个体的亲环境行为起到督促的作用，社会监督、政策法规建立和增收超额水费等命令控制型政策在很大程度上影响着农户是否会施行农业节水行为。基于此，本书提出如下研究假设：

H10：命令控制型政策因素显著正向调节农户农业节水行为意愿与农业节水行为的关系。

H10a：社会监督显著正向调节农户农业节水行为意愿与农业节水行为的关系。

H10b：政策法规显著正向调节农户农业节水行为意愿与农业节水行为的关系。

H10c：增收超额水费显著正向调节农户农业节水行为意愿与农业节水行为的关系。

6.1.1.3 宣传教育型政策因素的调节效应

宣传教育型政策因素主要是通过增加农户个体对保护生态环境、节约环境资源等方面的知识，提高农户对亲环境行为的认识和理解，进而促进农户在生产和生活中实施亲环境行为决策。国内外学者关于"宣传教育型政策"的研究比较一致地支持了"宣传教育型政策"对个体的亲环境行为（包括农业节水行为）的正向作用关系。Grazhdani 的研究表明，宣传力度与居民废物回收参与率具有显著相关关系[316]。孟小燕在对居民生活垃圾分类行为的研究中发现公共宣传教育是影响居民垃圾生活处理行为的关键因素之一[317]。徐林和凌卯亮基于一个田野准实验研究发现宣传教育策略更易推动居民参与环保行为[318]。基于此，本书提出如下研究假设：

H11：宣传教育型政策因素显著正向调节农户农业节水行为意愿与农业节水行为的关系。

6.1.1.4 社会规范的调节效应

社会规范对农户行为的影响主要基于三个维度：行为约束、互动内化和价值引导[319]。行为约束体现在农村熟人社会背景下，农户比较看重他人的评价和良好的声誉，当多数人赞成并认为应该参与农业节水行为时，农户会担心自身行为有异于他人而遭受来自周围群体的道德谴责与舆论压力，从而表现出更多的有利于公共利益的行为[320]。互动内化体现在农户之间会形成良好的社会互动效应，通过社会互动将自己的观念传递给周边农户或将周边农户的观念予以内部化。价值引导是指社会规范中的道德规范作为一种价值理念从思想意识层面引导亲环境意愿向行为的转变。通过行为约束、互动内化和价值引导，社会规范能够对群体内的农户成员产生有形或无形的压力，进而促使农户个体行为与群体保持一致。

因此，作为一种非正式制度因素，本书认为社会规范能够正向调节农户的农业节水意愿，进而有益于农户采取农业节水行为。基于此，本书提出如下研究假设：

H12：社会规范显著正向调节农户农业节水行为意愿与农业节水行为的关系。

6.1.2　外部情境因素的调节中介效应假设

6.1.2.1　激励型政策因素的调节中介效应假设

政府的激励型政策工具，一方面通过提供金钱或实物补贴，影响个体实施成本；另一方面通过赐予环境行为实施者荣誉称号，影响农户的行为实施的有效性和满足感。无论哪种通过途径，激励型政策影响农户个体行为皆是通过产生额外的外界压力或刺激来迫使农户改变他们的行为。在这种外界压力或刺激的作用下，农户会转变行为态度，表现出对环境行为的偏好和附和。虽然这种环境行为的引导效应具有表面性的和短期有效性，即激励型政策不能建立持久的行为变化，但在短期内，激励型政策通过服从影响行为具有即时有效性。基于此，本书提出如下研究假设：

H13：激励型政策因素会调节农户农业节水行为意愿对行为态度和农业节水行为之间关系的中介作用。激励型政策工具水平越高，这一调节作用越强，反之则越弱。

6.1.2.2　命令控制型政策因素的调节中介效应假设

政府层面对农田灌溉用水的约束作用来源于政策对农户用水行为的规制，最常见的是群体监管和处罚两种手段[321]。对农业用水过程进行监管直接降低了农户道德风险行为发生的可能性。农户在高强度监管下，为了避免受到惩罚或谴责，不得不实施农业节水行为；而不节约农业用水的处罚则是通过增加额外用水成本间接约束农户浪费农业用水的行为，农户会在损失厌恶的驱使下转向节水行为。此外，政策法规的建立也可以促进人们对节约农业水资源环境法规的遵守。根据影响力威慑模型，个体对法规的遵守是通过对惩罚的恐惧或违规处罚动机所感知的震慑[322]。完善和强有力的政策法规实施彰显了对环境行为的强制力和威慑力，能够在较短时间内影响个体的行为。由此可见，无论是监督、处罚还是政策法规的建立与实施，均是通过激发人们为免受处罚而采取环境行为的顺从，进而促进环境行为的实施。因此，本书预期命令控制型政策工具会调节农业节水意愿对行为态度和农业节水行为之间关系的中介作用。基于此，本书提出如下研究假设：

H14：命令控制型政策因素会调节农户农业节水行为意愿对行为态度和农业节水行为之间关系的中介作用。激励型政策因素水平越高，这一调节作用越强，反之则越弱。

H14a：社会监督会调节农户农业节水行为意愿对行为态度和农业节水行为之间关系的中介作用。社会监督水平越高，这一调节作用越强，反之则越弱。

H14b：政策法规会调节农户农业节水行为意愿对行为态度型农业节水行为之间关系的中介作用。政策法规水平越高，这一调节作用越强，反之则越弱。

H14c：增收超额水费会调节农户农业节水行为意愿对行为态度和农业节水行为之间关系的中介作用。增收费用越高，这一调节作用越强，反之则越弱。

6.1.2.3　宣传教育型政策因素的调节中介效应假设

根据"意识—情景—行为"理论，个体亲环境行为是由认知和外部情境因素共同作用的结果，外部情境因素会调节个体认知与个体亲环境行为的关系[323]。教育引导是情境因素调节认知与行为的重要手段。农户亲环境行为在受到其心理因素影响的同时，也会因受到宣传教育型政策的影响发生改变，进而促进"心理因素→农业节水行为"路径中认知向行为的转化，即宣传教育型政策在心理因素和农业节水行为之间起着调节作用。相关研究表明，宣传教育型政策对农户心理因素与亲环境行为的关系有正向调节作用[324]。在农业节水方面，宣传教育型政策作为农户农业节水行为过程中重要的情境因素，其对农户"心理因素→农户农业节水行为意愿→农户农业节水行为"关系的正向调节作用还有待进一步验证。基于此，本书提出如下研究假设：

H15：宣传教育型政策因素会调节农户农业节水行为意愿对生态环境价值观和农业节水行为之间关系的中介作用。政策因素水平越高，这一调节作用越强，反之则越弱。

H16：宣传教育型政策因素会调节农户农业节水行为意愿对环境责任感和农业节水行为之间关系的中介作用。政策因素水平越高，这一调节作用越强，反之则越弱。

H17：宣传教育型政策因素会调节农户农业节水行为意愿对水资源稀缺性感知和农业节水行为之间关系的中介作用。政策因素水平越高，这一调节作用越强，反之则越弱。

H18：宣传教育型政策因素会调节农户农业节水行为意愿对主观规范和农业

节水行为之间关系的中介作用。政策因素水平越高，这一调节作用越强，反之则越弱。

H19：宣传教育型政策因素会调节农户农业节水行为意愿对自我效能感和农业节水行为之间关系的中介作用。政策因素水平越高，这一调节作用越强，反之则越弱。

H20：宣传教育型政策因素会调节农户农业节水行为意愿对行为态度和农业节水行为之间关系的中介作用。政策因素水平越高，这一调节作用越强，反之则越弱。

H21：宣传教育型政策工具会调节农业节水行为意愿对环境认同感和农业节水行为之间关系的中介作用。政策因素水平越高，这一调节作用越强，反之则越弱。

6.1.2.4 社会规范的调节中介效应假设

第4章中介效应分析表明，农户农业节水意愿在行为态度与农业节水行为之间起中介作用，根据前文假设，社会规范会调节农户农业节水意愿与农业节水行为之间的关系。因此推测社会规范可能正向调节农户农业节水意愿在行为态度与农业节水行为之间的中介作用。基于此，本书提出如下研究假设：

H22：社会规范会调节农户农业节水行为意愿对行为态度和农业节水行为之间关系的中介作用。社会规范水平越高，这一调节作用越强，反之则越弱。

6.2 研究方法

当研究自变量 X 对因变量 Y 的影响时会受到变量 Z 的干扰，即表示变量 Z 在变量 Y 和变量 X 之间起调节作用，变量 Z 称为调节变量，三个变量之间的关系如图 6-1 所示[325]。调节效应关系通常采用分层回归分析方法验证。分层回归分析步骤为：第一，变量去中心化处理；第二，构造自变量和调节变量的乘积项；第三，将自变量、因变量和所构造的乘积项依次引入分层回归方程；第四，根据分层回归结果，判断调节效应是否存在。判断依据为：若分层回归模型中乘积项回归系数显著或分层回归模型决定系数显著增加，则存在显著的调节效应。

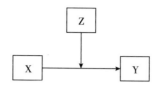

图 6-1　调节效应概念模型

已有研究表明，外部环境因素会对农户观念施加影响进而影响农户行为意愿[326-327]。因此，本节在第 5 章中介效应研究结论的基础上，进一步使用 Process 插件程序中的 Model14 对农户心理因素、农户农业节水行为意愿、外部情境因素以及农户农业节水行为之间存在调节的中介效应进行检验，概念模型如图 6-2 所示。偏差校正的非参数百分位 Bootstrap 法重复抽样次数为 2000 次。

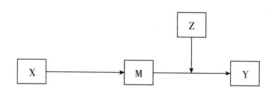

图 6-2　调节中介效应概念模型

6.3　量表检验

6.3.1　正态性检验

借助 SPSS25.0 统计软件对政策因素和社会规范各测量题项进行检验，正态性检验结果如表 6-1 所示。从表 6-1 中可以看出，政策因素各测量题项的偏度和峰度系数绝对值均小于 2，因此，认为量表数据符合正态性检验标准，近似于正态分布，可以进行后续的调节效应检验。

表 6-1　政策因素量表正态性检验结果

变量		编码	偏度		峰度	
			统计量	标准差	统计量	标准差
激励型政策工具（IP）		TIT41	−0.752	0.087	−0.335	0.173
		TIT42	−0.599	0.087	−0.631	0.173
		TIT43	−0.087	0.087	−1.113	0.173
命令控制型政策工具（CP）	社会监督	TIT44	−0.639	0.087	−0.602	0.174
	政策法规	TIT45	−0.273	0.087	−1.127	0.173
	增收超额水费	TIT46	0.211	0.087	−1.103	0.174
宣传教育型政策工具（EP）		TIT47	−0.538	0.087	−0.560	0.174
		TIT48	−0.985	0.087	0.818	0.174
		TIT49	−1.166	0.087	1.264	0.174
节水社会规范（SN）		TIT50	−0.756	0.087	−0.387	0.173
		TIT51	−1.329	0.087	1.244	0.173
		TIT52	0.416	0.087	−1.073	0.173

6.3.2　信度检验

效度检验通过验证性因子分析进行。检验结果如表 6-2 所示，激励型政策工具、命令控制型政策工具、宣传教育型政策工具和节水社会规范变量的信度值数 α 系数分别为 0.838、0.809、0.836 和 0.659，均高于 0.6，表明各题项具有较好的一致性，问卷量表可接受。

表 6-2　量信度检验结果

变量	题项数	信度值（α）
激励型政策工具	3	0.838
命令控制型政策工具	3	0.809
宣传教育型政策工具	3	0.836
节水社会规范	3	0.659

6.3.3　效度检验

效度检验通过相应变量的因子载荷值来测量。表 6-3 表示的是政策工具各变量的收敛效度分析结果。从表 6-3 可以看出，激励型政策工具的三个题项因子荷载都高于 0.6，平均变异数提取量 AVE 为 0.805，高于收敛效度要求的临界值 0.5，KMO 值为 0.683，在 0.6 以上，Bartlett 球形度检验的显著性水平均为 0.000，因此，从收敛效度来看，激励型政策工具的三个题项具有较好的收敛性；命令控制型政策工具的三个题项因子荷载都高于 0.6，平均变异数提取量 AVE 为 0.755，高于收敛效度要求的临界值 0.5，KMO 值为 0.695，在 0.6 以上，Bartlett 球形度检验的显著性水平均为 0.000，因此，从收敛效度来看，命令控制型政策工具的三个题项具有较好的收敛性；宣传教育型政策工具的三个题项因子荷载都高于 0.6，平均变异数提取量 AVE 为 0.634，高于收敛效度要求的临界值 0.5，KMO 值为 0.680，在 0.6 以上，Bartlett 球形度检验的显著性水平均为 0.000，因此，从收敛效度来看，宣传教育型政策工具的三个题项具有较好的收敛性；社会规范的三个题项因子荷载都高于 0.6，平均变异数提取量 AVE 为 0.607，高于收敛效度要求的临界值 0.5，KMO 值为 0.636，大于 0.6，Bartlett 球形度检验的显著性水平均为 0.000，因此，从收敛效度来看，社会规范工具的三个题项具有较好的收敛性。

表 6-3　政策因素的收敛效度分析

变量	题项	因子载荷	平均变异数提取量 AVE	取样适切性量数 KMO	Bartlett 球形度检验		
					近似卡方	自由度	显著性
激励型政策工具	TIT41	0.897	0.805	0.683	1089.413	3	0.000
	TIT42	0.912					
	TIT43	0.802					
命令控制型政策工具	TIT44	0.869	0.755	0.695	828.581	3	0.000
	TIT45	0.880					
	TIT46	0.804					
宣传教育型政策工具	TIT47	0.796	0.634	0.680	1127.291	3	0.000
	TIT48	0.910					
	TIT49	0.909					
节水社会规范	TIT50	0.824	0.607	0.636	388.823	3	0.000
	TIT51	0.809					
	TIT52	0.698					

6.3.4 变量的相关性检验

首先要对外部情境因素、农业节水行为意愿、农业节水行为进行 Pearson 相关性进行检验，以确保这些变量之间是相关的。相关性分析结果如表 6-4 所示。由表 6-4 可知，农业节水行为意愿与外部情境因素均相关，与激励型政策因素的相关系数为 0.092，与社会监督的相关系数为 0.093，与政策法规的相关系数为 0.090，与增收超额水费的相关系数为 0.129，与宣传教育型政策因素的相关系数为 0.081，与节水社会规范的相关系数为 0.290，反映出农业节水行为意愿和政策性工具变量之间存在明显的正相关性。

表 6-4　农业节水行为意愿与政策因素相关系数

变量	IP	CP1	CP2	CP3	EP	SN	WS	HB	TB	SB	CB
IP	1	—	—	—	—	—	—	—	—	—	—
CP1	0.435**	1	—	—	—	—	—	—	—	—	—
CP2	0.401**	0.679**	1	—	—	—	—	—	—	—	—
CP3	0.370**	0.527**	0.553**	1	—	—	—	—	—	—	—
EP	0.378**	0.392**	0.365**	0.269**	1	—	—	—	—	—	—
SN	0.216**	0.248**	0.322**	0.202**	0.236**	1	—	—	—	—	—
WS	0.092*	0.093**	0.090*	0.129**	0.081*	0.290**	1	—	—	—	—
HB	0.221**	0.292**	0.222**	0.202**	0.330**	0.366**	0.217**	1	—	—	—
TB	0.148**	0.246**	0.170**	0.152**	0.254**	0.186**	0.294**	0.355**	1	—	—
SB	0.169**	0.204**	0.276**	0.198**	0.196**	0.646**	0.355**	0.260**	0.199**	1	—
CB	0.269**	0.295**	0.249**	0.182**	0.514**	0.380**	0.210**	0.408**	0.283**	0.286**	1

注：＊表示 $p<0.05$，＊＊表示 $p<0.01$，＊＊＊表示 $p<0.001$。

习惯型农业节水行为与政策因素均相关，与激励型政策因素的相关系数为 0.221，与社会监督的相关系数为 0.292，与政策法规的相关系数为 0.222，与增收超额水费的相关系数为 0.202，与宣传教育型政策因素的相关系数为 0.330，与节水社会规范的相关系数为 0.366，反映出习惯型农业节水行为和外部情境因素之间存在明显的正相关性。习惯型农业节水行为与农业节水行为意愿的相关系数为 0.217，反映出习惯型农业节水行为与农业节水行为意愿变量均相关。

技术型农业节水行为与政策因素均相关，与激励型政策因素的相关系数为 0.148，与社会监督的相关系数为 0.246，与政策法规的相关系数为 0.170，与增收超额水费的相关系数为 0.152，与宣传教育型政策因素的相关系数为 0.254，与节水社会规范的相关系数为 0.186。技术型农业节水行为与农业节水行为意愿相关，相关系数为 0.294。上述结论反映出技术型农业节水行为和农业节水行为意愿以及政策性工具变量之间存在明显的正相关性。

社交型农业节水行为与外部情境因素变量均相关，与激励型政策因素的相关系数为 0.169，与社会监督的相关系数为 0.204，与政策法规的相关系数为 0.276，与增收超额水费的相关系数为 0.198，与宣传教育型政策因素的相关系数为 0.196，与节水社会规范的相关系数为 0.646，同时，与农业节水行为意愿的相关系数为 0.355，反映出社交型农业节水行为和农业节水行为意愿以及外部情境因素变量之间存在明显的正相关性。

公民型农业节水行为与外部情境因素均相关，与激励型政策因素的相关系数为 0.269，与社会监督的相关系数为 0.295，与政策法规的相关系数为 0.249，与增收超额水费的相关系数为 0.182，与宣传教育型政策因素的相关系数为 0.514，与节水社会规范的相关系数为 0.380，同时，与农业节水行为意愿的相关系数为 0.210，反映出公民型农业节水行为和农业节水行为意愿以及政策性工具变量之间存在明显的正相关性。

6.4 实证结果分析

6.4.1 农业节水行为意愿——行为差异

根据计划行为理论，个体意愿是预测行为的最佳指标和捕捉行为动机的中心因素[297]，即意愿对行为的形成有着积极正向影响。随着研究的逐渐深入，部分学者开始发现"意愿—行为"两者之间存在"差距"，认为农户高亲环境意愿不一定能有效地转换为能实现生态环境保护目的的实际行动[328]。相关研究也表明，农户的实际行为往往低于其亲环境意愿[329]。目前，关于农户农业节水行为意愿和行为相悖离的研究尚属空白，本节旨在探讨农户节水行为过程中是否存在意愿与行为悖离现象，以为后续研究提供前因依据。

量表中关于意愿与行为的考察是通过李克特 5 级量表的考察方式进行计量的。与前文关于意愿与行为的考察方式不同，本节通过对二变量进行统计，因此需要对指标选项进行修改。针对农业节水行为，利用主成分分析法获得各类型农业节水行为的综合得分。前文量表检验表明样本数据已经通过了适用性检验，这里不再赘述。题项中，受访户回答的选项包括"从未如此""几乎很少如此""偶尔如此""大多数时候如此""经常如此"，依次赋值 1~5，因此，农业节水行为综合得分也在 1~5。根据题项设计，可将综合得分在 3 分及以上的受访者判别为存在农业节水行为，并赋值 1，将综合得分在 3 分以下的受访者判别为不存在农业节水行为，并赋值 0。同理，采用类似的方法对农业节水行为意愿进行赋值。借鉴已有研究做法[330]，取行为与意愿之差的绝对值，若存在行为与意愿的悖离，则绝对值为 1，否则为 0。

根据样本数据的统计结果可知（见表6-5），样本农户中，农业节水行为意愿的均值为 0.742，方差为 0.354；习惯型农业节水行为的均值和方差分别为 0.618 和 0.379，均值差异检验 t 值为 7.750，p 值为 0.000，这表明样本农户中习惯型农业节水行为实施意愿与行为有显著性差异，存在两者的悖离现象。技术型农业节水行为意愿和行为实施的均值和方差分别为 0.608 和 0.331，均值差异检验 t 值为 8.869，p 值为 0.000，这表明样本农户中技术型农业节水行为实施意愿与行为有显著性差异，存在两者的悖离现象。社交型农业节水行为意愿和行为实施的均值和方差分别为 0.695 和 0.348，均值差异检验 t 值为 3.177，p 值为 0.002，这表明样本农户中社交型农业节水行为实施意愿与行为有显著性差异，存在两者的悖离现象。公民型农业节水行为意愿和行为实施的均值和方差分别为 0.601 和 0.345，均值差异检验 t 值为 9.161，p 值为 0.000，这表明样本农户中公民型农业节水行为实施意愿与行为有显著性差异，存在两者的悖离现象。综上所述，样本农户在农业节水行为过程中存在意愿与行为的差异，表明农户农业节水行为除受到意愿控制之外，还需要其他条件的激励和约束，才能实现意愿向行为转化。

表 6-5　样本户农业节水行为意愿与行为的悖离情况

变量		WS		HB		TB		SB		CB	
		Mean	SD	Mean	SD	Mean	SD	Mean	SD	Mean	SD
		0.742	0.354	0.618	0.379	0.608	0.331	0.695	0.348	0.601	0.345
差异性检验	t 值	—		7.750		8.869		3.177		9.161	
	p 值	—		0.000		0.000		0.002		0.000	

6.4.2　外部情境因素的调节效应分析

上一节研究表明，农业节水行为过程中，存在意愿和行为的悖离。根据"刺激—反应"理论，个体会在外部刺激的作用下产生意愿，进而采取相关行为。因此，本节基于研究假设，将外部情境因素作为调节变量，采用分层回归分析，探讨其对农业节水行为意愿（自变量）作用于农业节水行为的调节效应。农业节水行为包括习惯型农业节水行为、技术型农业节水行为、社交型农业节水行为和公民型农业节水行为四种类型。政策因素被分为激励型政策因素、命令控制型政策因素和宣传教育型政策因素三种类型。此外，外部情境因素变量还包括"非正式制度—社会规范"。为了避免相互之间干扰，现就四种外部情境因素独立进行分层回归分析。

6.4.2.1　激励型政策因素的调节效应检验

在不考虑其他因素的条件下，单独分析激励型政策因素对农户农业节水行为意愿与农业节水行为之间关系的调节作用，分层回归结果如表 6-6 所示，结果表明：

第一，农业节水行为意愿和激励型政策因素作用于习惯型农业节水行为路径的交互项显著且大于 0（B = 0.231，p<0.001），且分层回归分析模型 3 的 F = 44.516，p<0.001，$\Delta R^2 > 0$，表明农业节水行为意愿与习惯型农业节水行为的关系受到激励型政策因素的显著正向调节作用。

第二，农业节水行为意愿和激励型政策因素作用于技术型农业节水行为路径的交互项显著且大于 0（B = 0.108，p<0.01），且分层回归分析模型 3 的 F = 34.819，p<0.001，$\Delta R^2 > 0$，表明农业节水行为意愿与技术型农业节水行为的关系受到激励型政策因素的显著正向调节作用。

第三，农业节水行为意愿和激励型政策因素作用于社交型农业节水行为路径的交互项调节作用不显著，表明农业节水行为意愿与社交型农业节水行为的关系未受到激励型政策因素的显著调节作用。

第四，农业节水行为意愿和激励型政策因素作用于公民型农业节水行为路径的交互项显著且大于 0（B = 0.153，p<0.001），且分层回归分析模型 3 的 F = 41.369，p<0.001，$\Delta R^2>0$，表明农业节水行为意愿与公民型农业节水行为的关系受到激励型政策因素的显著正向调节作用。

因此，假设 9 部分成立。

表6-6　激励型政策因素调节效应检验

变量	习惯型农业节水行为			技术型农业节水行为		
	模型 1	模型 2	模型 3	模型 1	模型 2	模型 3
	0.217***	0.211***	0.230***	0.294***	0.290***	0.299***
	—	0.215***	0.177***	—	0.139***	0.121***
	—	—	0.231***	—	—	0.108**
R^2	0.047	0.093	0.145	0.086	0.106	0.117
F 值	39.231***	40.679***	44.516***	74.809***	46.676***	34.819***
变量	社交型农业节水行为			公民型农业节水行为		
	模型 1	模型 2	模型 3	模型 1	模型 2	模型 3
	0.355***	0.351***	0.356***	0.210***	0.202***	0.215***
	—	0.158***	0.149***	—	0.263***	0.238***
	—	—	0.060	—	—	0.153***
R^2	0.126	0.151	0.155	0.044	0.113	0.136
F 值	114.391***	70.468***	48.180***	36.490***	50.493***	41.369***

注：* 表示 p<0.05，** 表示 p<0.01，*** 表示 p<0.001。

为了更直观展现激励型政策因素对农户农业节水行为意愿到行为路径的调节效果，借鉴 Aiken 和 West 的方法[331]，绘制了激励型政策因素对农业节水行为意愿与习惯型农业节水行为、技术型农业节水行为和公民型农业节水行为的调节效应图（见图6-3）。由图6-3可知，较高水平的激励型政策条件下，农业节水行为意愿与农业节水行为的回归斜率更大，表示农业节水行为意愿转化为实际行为的水平较高，调节作用较强，而低水平激励型政策对行为意愿向行为转换的调节作用较弱，假设10a、假设10b、假设10d均得到进一步验证。

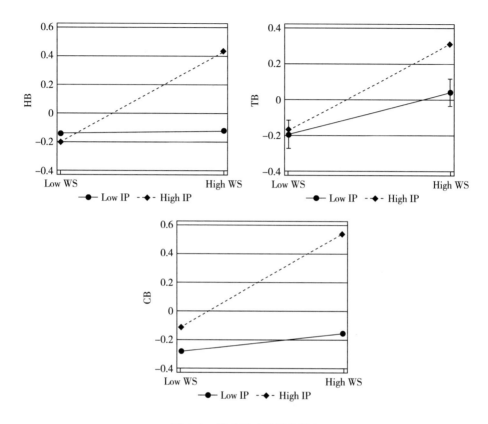

图 6-3　激励型政策调节效应

　　整体来看，激励型政策因素对农业节水行为意愿作用于习惯型农业节水行为、技术型农业节水行为和公民型农业节水行为的路径调节效应显著，且为显著正向调节效应，即激励型政策强化了农户农业节水行为意愿向节水行为的转化，但对意愿向社交型农业节水行为的转化无影响。上述结论表明，农户在经济利益驱动下会实施节水行为，可能与受访户目前生活水平和节水意识水平较低有关，使个体往往在经济利益驱动下做出行为实施决策。与此同时，激励仅仅会使农户纠正自己的行为，对于其他人不恰当的灌溉行为，农户往往会因为"多一事不如少一事"的观念，采取漠视的态度。可能的原因是激励不足使得激励带来的正向效用要小于因社交型节水行为带来的"负面效用"，如时间成本、举报他人造成的邻里关系恶化等。由图 6-3 还可以看出，较低激励型政策水平下，农业节水行为意愿对习惯型农业节水行为和公民型农业节水行为的作用关系较弱，反映出受访户水资源环境保护意识较低以及对节水行为实施过程中的经济利益较为重视。高激励型政策对技术型农业节水行为的调节效应更为显著，其原因是农业节水技术的采用能够为农户带来的直接经济收益相对有限，且还需要农户自己承担一些额外的生产成本和风险[332]，激励型政策中的政府补贴能够为农户分担较大的使用成本，因而更能促进节水意愿向行为的转化。该结论与 Omotilewa 等的研究相一致[333]。

6.4.2.2　命令控制型政策因素的调节效应检验

在不考虑其他因素的条件下，单独分析命令型政策因素对农业节水行为意愿与农业节水行为之间关系的调节作用，分层回归结果如表6-7至表6-9所示。

（1）社会监督政策因素的调节效应检验。

由表6-7可知，农业节水行为意愿和社会监督政策作用于四类型农业节水行为路径的交互项系数均显著为正，且模型3的 F 值对应的 p 值均小于 0.001，$\Delta R^2>0$，表明农业节水行为意愿与农业节水行为的关系受到了社会监督政策因素的显著调节作用。因此，假设10a 得证实。

表6-7　社会监督政策因素调节效应检验

变量	习惯型农业节水行为			技术型农业节水行为		
	模型1	模型2	模型3	模型1	模型2	模型3
	0.217***	0.192***	0.213***	0.294***	0.273***	0.286***
	—	0.275***	0.253***	—	0.221***	0.207***
	—	—	0.160***	—	—	0.096**
R^2	0.047	0.122	0.147	0.085	0.132	0.140
F 值	39.231***	54.889***	45.282***	74.809***	61.469***	44.113***
变量	社交型农业节水行为			公民型农业节水行为		
	模型1	模型2	模型3	模型1	模型2	模型3
	0.355***	0.339***	0.356***	0.210***	0.184***	0.194***
	—	0.172***	0.156***	—	0.278***	0.268***
	—	—	0.122***	—	—	0.075***
R^2	0.126	0.156	0.170	0.044	0.121	0.126
F 值	114.391***	72.912***	53.939***	36.490***	54.255***	37.968***

注：* 表示 $p<0.05$，** 表示 $p<0.01$，*** 表示 $p<0.001$。

进一步绘制了社会监督对农业节水行为意愿与习惯型农业节水行为、技术型农业节水行为、社交型农业节水行为和公民型农业节水行为的调节效应图（见图 6-4）。由图 6-4 可知，当社会监督处于较高水平时，农业节水行为意愿与农业节水行为的回归斜率更大，表示农业节水行为意愿转化为实际行为的水平较高，调节作用较强，而低水平社会监督条件下，农业节水行为意愿向行为转换的倾向较弱。因此，假设 10a 得到进一步验证。

　　整体来看，社会监督政策因素对农业节水行为意愿作用于习惯型农业节水行为、技术型农业节水行为、社交型农业节水行为和公民型农业节水行为的路径调节效应均显著，且为显著正向调节效应，即社会监督政策因素对农户农业节水行为意愿向节水行为转化产生积极影响，较高的社会监督水平下，农业节水行为意愿转化为农业节水行为的倾向更大，反映出农户在农业用水过程中会考虑因不恰当的用水行为而被监督者发现，进而遭受批评、惩罚等有损荣誉的风险。

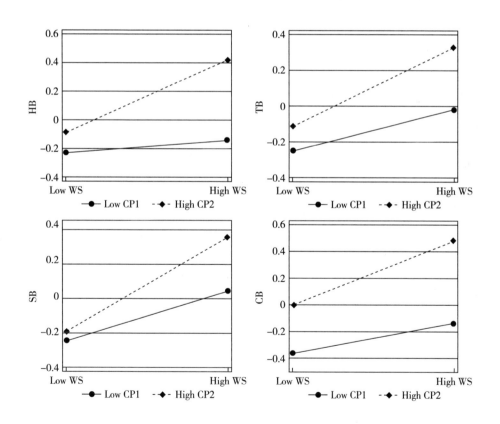

图 6-4　社会监督调节效应

（2）政策法规因素的调节效应检验。

由表6-8可知，农业节水行为意愿和政策法规工具变量作用于四类型农业节水行为路径的交互项系数均显著为正，且模型3的F值对应的p值均小于0.01，$\Delta R^2>0$，表明农业节水行为意愿与农业节水行为的关系受到了政策法规工具变量的显著调节作用。因此，假设10b得证实。

表6-8　政策法规因素的调节效应检验

变量	习惯型农业节水行为			技术型农业节水行为		
	模型1	模型2	模型3	模型1	模型2	模型3
	0.217 ***	0.199 ***	0.217 ***	0.294 ***	0.281 ***	0.290 ***
	—	0.204 ***	0.172 ***	—	0.145 ***	0.129 ***
	—	—	0.197 ***	—	—	0.098 ***
R^2	0.047	0.088	0.126	0.086	0.107	0.116
F值	39.231 ***	38.296 ***	37.905 ***	74.809 ***	47.407 ***	34.678 ***
变量	社交型农业节水行为			公民型农业节水行为		
	模型1	模型2	模型3	模型1	模型2	模型3
	0.355 ***	0.333 ***	0.342 ***	0.210 ***	0.189 ***	0.201 ***
	—	0.247 ***	0.231 ***	—	0.232 ***	0.211 ***
	—	—	0.095 **	—	—	0.135 ***
R^2	0.126	0.187	0.195	0.044	0.098	0.115
F值	114.391 ***	90.628 ***	63.852 ***	36.490 ***	42.688 ***	34.243 ***

注：* 表示 $p<0.05$，** 表示 $p<0.01$，*** 表示 $p<0.001$。

进一步绘制政策法规对农业节水行为意愿与习惯型农业节水行为、技术型农业节水行为、社交型农业节水行为和公民型农业节水行为的调节效应图（见图6-5）。由图6-5可知，当政策法规处于较高水平时，农业节水行为意愿与农业节水行为的回归斜率更大，表示农业节水行为意愿转化为实际行为的水平较高，调节作用较强，而低水平政策法规条件下，农业节水行为意愿向行为转换的倾向较弱。因此，假设10b得到进一步验证。

整体来看，政策法规变量对农业节水行为意愿作用于习惯型农业节水行为、技术型农业节水行为、社交型农业节水行为和公民型农业节水行为的路径调节效应均显著，且为显著正向调节效应，即政策法规的实施对农户农业节水行为意愿

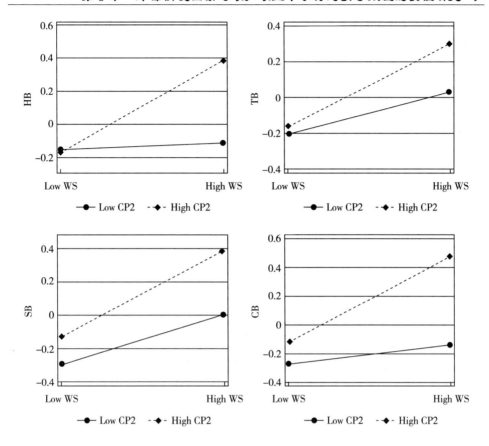

图6-5　政策法规调节效应

向节水行为转化产生积极影响，表明农户会遵守一定的规章制度、政策法规。表明进一步加强农业节水执法力度，形成强有力的农业节水政策规制，可促使农户产生强烈的农业节水行为意愿并付之于行动。

（3）征收超额水费政策因素的调节效应检验。

由表6-9可知，农业节水行为意愿和征收超额水费政策因素作用于四类型农业节水行为路径的交互项系数均显著为正，且模型3的F值对应的p值均小于0.01，$\Delta R^2 > 0$，表明农业节水行为意愿与农业节水行为的关系受到了征收超额水费政策因素的显著调节作用。因此，假设10c得证实。

因此，假设10得到验证。

整体来看，命令型政策因素对农业节水行为意愿作用于农业节水行为的路径调节效应显著，且均为显著正向调节效应，即命令型政策因素强化了农户节水行为意愿向节水行为的转化。由此可见，命令控制型工具的强制特点，确实能够直接影响消费者的环境行为。

表6-9　征收超额水费政策因素的调节效应检验

变量	习惯型农业节水行为			技术型农业节水行为		
	模型1	模型2	模型3	模型1	模型2	模型3
	0.217***	0.194***	0.200***	0.294***	0.279***	0.284***
	—	0.177***	0.152***	—	0.116***	0.092***
	—	—	0.115**	—	—	0.105**
R^2	0.047	0.078	0.091	0.086	0.100	0.110
F值	39.231***	33.499***	26.260***	74.809***	43.673***	32.530***
变量	社交型农业节水行为			公民型农业节水行为		
	模型1	模型2	模型3	模型1	模型2	模型3
	0.355***	0.335***	0.339***	0.210***	0.190***	0.196***
	—	0.155***	0.140***	—	0.157***	0.132***
	—	—	0.065***	—	—	0.112**
R^2	0.126	0.150	0.154	0.044	0.068	0.080
F值	114.391***	69.694***	47.876***	36.490***	28.998***	22.943***

注：*表示$p<0.05$，**表示$p<0.01$，***表示$p<0.001$。

　　进一步绘制征收超额水费对农业节水行为意愿与习惯型农业节水行为、技术型农业节水行为、社交型农业节水行为和公民型农业节水行为的调节效应图（见图6-6）。由图6-6可知，当水价政策处于较高水平时，农业节水行为意愿与农业节水行为的回归斜率更大，表示农业节水行为意愿转化为实际行为的水平较高，调节作用较强，而低水平水价政策条件下，农业节水行为意愿向行为转换的倾向较弱。因此，假设10c得到进一步验证。

　　整体来看，增收超额水费政策因素对农业节水行为意愿作用于习惯型农业节水行为、技术型农业节水行为、社交型农业节水行为和公民型农业节水行为的路径调节效应显著，且为显著正向调节效应，即增收超额水费政策强化了农户农业节水行为意愿向节水行为的转化。结论证实了惩罚性环境政策对亲环境行为的影响，增收超额水费相当于给予农户以经济惩罚，使其不恰当的用水行为得以减少或终止。

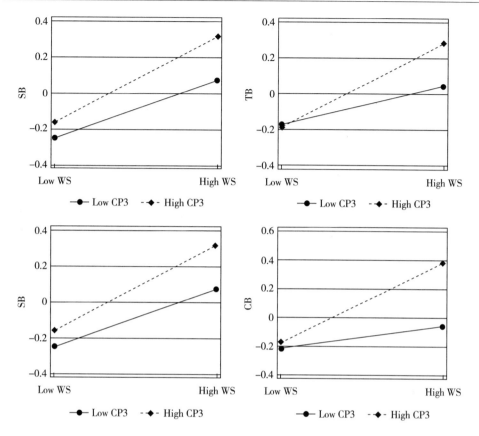

图 6-6　征收超额水费调节效应

6.4.2.3　宣传教育型政策因素的调节效应检验

在不考虑其他因素的条件下，单独分析宣传教育型政策因素对农业节水行为意愿与农业节水行为之间关系的调节作用，分层回归结果如表 6-10 所示。由表 6-10 可知，四个模型中农业节水行为意愿和宣传教育型政策的交互项均显著，且分层回归分析模型 3 的 F 值对应 p 值均小于 0.001，$\Delta R^2 > 0$，表明农业节水行为意愿与农业节水行为的关系受到宣传教育型政策的显著调节作用，同时农业节水行为意愿和宣传教育型政策的交互项系数均大于 0，故经宣传教育型政策的调节作用为正向调节。因此，假设 11 得验证。

表 6-10　宣传教育型政策因素调节效应检验

变量	习惯型农业节水行为			技术型农业节水行为		
	模型 1	模型 2	模型 3	模型 1	模型 2	模型 3
	0.217 ***	0.192 ***	0.200 ***	0.294 ***	0.275 ***	0.281 ***
	—	0.314 ***	0.300 ***	—	0.232 ***	0.222 ***
	—	—	0.097 **	—	—	0.066 *
R^2	0.047	0.145	0.154	0.086	0.140	0.144
F 值	39.231 ***	67.069 ***	47.982 ***	74.809 ***	64.199 ***	44.277 ***
变量	社交型农业节水行为			公民型农业节水行为		
	模型 1	模型 2	模型 3	模型 1	模型 2	模型 3
	0.355 ***	0.342 ***	0.350 ***	0.210 ***	0.169 ***	0.178 ***
	—	0.168 ***	0.155 ***	—	0.500 ***	0.485 ***
	—	—	0.097 **	—	—	0.102 **
R^2	0.126	0.155	0.164	0.044	0.292	0.302
F 值	114.391 ***	72.204 ***	51.464 ***	36.490 ***	163.058 ***	114.006 ***

注：* 表示 $p < 0.05$，** 表示 $p < 0.01$，*** 表示 $p < 0.001$。

　　进一步绘制宣传教育型政策对农业节水行为意愿与习惯型农业节水行为、技术型农业节水行为、社交型农业节水行为和公民型农业节水行为的调节效应图（见图 6-7）。由图 6-7 可知，当宣传教育型政策处于较高水平时，农业节水行为意愿与农业节水行为的回归斜率更大，表示农业节水行为意愿转化为实际行为的水平较高，调节作用较强，而宣传教育型政策处于低水平条件下，农业节水行为意愿向行为转换的倾向较弱。因此，假设 11 得到进一步验证。

　　整体来看，宣传教育型政策因素对农业节水行为意愿作用于习惯型农业节水行为、技术型农业节水行为、社交型农业节水行为和公民型农业节水行为的路径调节效应显著，且为显著正向调节效应，即宣传教育型政策强化了农户农业节水行为意愿向节水行为的转化。上述结论证实，通过公共宣传教育，可以使农户意识到自身灌溉行为对农业水资源的可持续利用以及保护水资源环境、节约水资源的重要性。在不同宣传教育型政策水平下，农业节水行为意愿与公民型农业节水行为回归斜率变化较小，表明不同水平宣传教育型政策的调节效应差异较小，可能是因为公民型农业节水行为较强的正外部性和公共属性会在一定程度上弱化宣传教育型政策的调节效应。

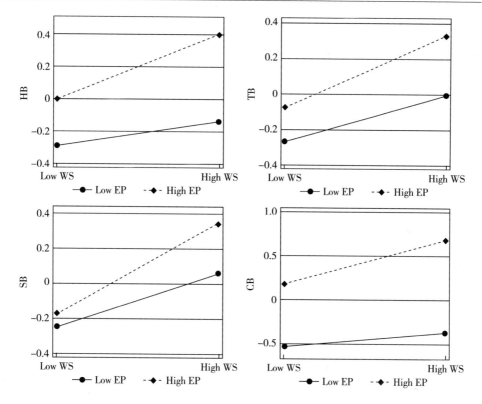

图 6-7 宣传教育型政策节效应

6.4.2.4 社会规范的调节效应检验

在不考虑其他因素的条件下，单独分析社会规范对农业节水行为意愿与农业节水行为之间关系的调节作用，分层回归结果如表 6-11 所示，结果表明：

第一，农业节水行为意愿和社会规范作用于习惯型农业节水行为路径的交互项调节作用不显著，表明农业节水行为意愿与习惯型农业节水行为的关系未受到社会规范的显著调节作用。

第二，农业节水行为意愿和节水社会规范作用于技术型农业节水行为路径的交互项显著且大于 0（B = 0.068，p < 0.01），且分层回归分析模型 3 的 F = 29.852，p < 0.001，$\Delta R^2 > 0$，表明农业节水行为意愿与技术型农业节水行为的关系受到社会规范的显著正向调节作用。

第三，农业节水行为意愿和社会规范变量作用于社交型农业节水行为路径的交互项显著且大于 0（B = 0.098，p < 0.01），且分层回归分析模型 3 的 F =

221.962，p<0.001，ΔR²>0，表明农业节水行为意愿与社交型农业节水行为的关系受到社会规范的显著正向调节作用。

第四，农业节水行为意愿和社会规范作用于公民型农业节水行为路径的交互项显著且大于 0（B=0.103，p<0.001），且分层回归分析模型 3 的 F=52.375，p<0.001，ΔR²>0，表明农业节水行为意愿与公民型农业节水行为的关系受到社会规范的显著正向调节作用。

因此，假设 12 部分成立。

表6-11　社会规范调节效应检验

变量	习惯型农业节水行为			技术型农业节水行为		
	模型 1	模型 2	模型 3	模型 1	模型 2	模型 3
	0.217***	0.121***	0.121***	0.294***	0.262***	0.269***
	—	0.331***	0.331***	—	0.109**	0.108**
	—	—	0.000	—	—	0.068*
R²	0.047	0.093	0.145	0.086	0.106	0.117
F 值	39.231***	68.360***	45.516***	74.809***	42.609***	29.852***
变量	社交型农业节水行为			公民型农业节水行为		
	模型 1	模型 2	模型 3	模型 1	模型 2	模型 3
	0.355***	0.183***	0.174***	0.210***	0.109**	0.119**
	—	0.593***	0.595***	—	0.349***	0.347***
	—	—	0.098***	—	—	0.103**
R²	0.126	0.151	0.155	0.044	0.113	0.136
F 值	114.391***	320.890***	221.962***	36.490***	72.717***	52.375***

注：* 表示 p<0.05，** 表示 p<0.01，*** 表示 p<0.001。

进一步绘制社会规范对农业节水行为意愿与技术型农业节水行为、社交型农业节水行为和公民型农业节水行为的调节效应图（见图6-8）。由图6-8可知，当社会规范处于较高水平时，农业节水行为意愿与农业节水行为的回归斜率更大，表示农业节水行为意愿转化为实际行为的水平较高，调节作用较强，而社会规范处于低水平条件下，农业节水行为意愿向行为转换的倾向较弱。

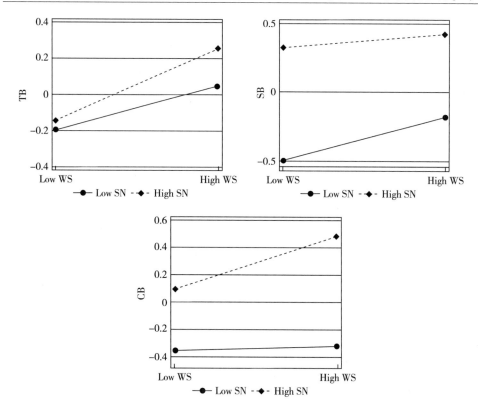

图 6-8　社会规范在农业节水行为意愿与农业节水行为之间的调节效应

　　整体来看，社会规范对农业节水行为意愿作用于技术型农业节水行为、社交型农业节水行为和公民型农业节水行为的路径调节效应显著，且为显著正向调节效应，即社会规范强化了农户农业节水行为意愿向节水行为的转化。这与孙前路等的研究结论一致[311]，证实了在以血缘、地缘形成的熟人社会中，以邻里关系为基础的农村社会规范能强化农户节水意愿对农业节水行为的正向影响。原因在于：具备软约束效力的社会规范会在无形中对农户行为产生一种压力或期望，农户为了避免遭到群体的惩罚，便会将节水行为作为自己行为的准则，从而与社会群体公认的行为趋向一致。

6.4.3　外部情境因素的调节中介效应分析

6.4.3.1　激励型政策因素的调节中介效应分析

把激励型政策因素作为外部情境因素，分析其在"行为态度→农业节水行为意愿→农业节水行为"路径中的调节效应。表6-12的结果显示，当激励型政策因素取平均水平时，三个方程Bootstrap 95%置信区间不包含0，也即说明在平均水平下，农业节水行为意愿在行为态度对农业节水行为影响的路径中存在中介作用。当激励型政策因素取低水平时，三个方程Bootstrap 95%置信区间也不包含0，也即说明低水平下，农业节水行为意愿在行为态度对农业节水行为影响的路径中存在中介作用。当激励型政策因素取高水平时，三个方程Bootstrap 95%置信区间也不包含0，也即说明高水平下，农业节水行为意愿在行为态度对农业节水行为影响的路径中存在中介作用。由此可知，在激励型政策因素取低水平，平均水平或高水平时，中介作用均存在，且效应均大于0，表明行为态度通过农业节水行为意愿对农业节水行为的间接效应因激励型政策因素水平高低不同未存在显著性差异，即激励型政策因素在"行为态度→农业节水行为意愿→农业节水行为"中介路径中不存在调节作用。因此，假设13不成立。究其原因可能是，农业节水激励机制不健全，奖励形式和标准尚未形成一个长期有序的体系，因此，短期内激励政策会影响农户的观念，但这并不意味着一定会转化为最终的行为。激励通常不具有持续性，当激励消失或未能满足农户欲望时，服从感知便只停留在表面。此结果与李献士的研究结论较为一致[244]。

表6-12　激励型政策因素的调节中介效应检验结果

	行为态度→农业节水行为意愿→习惯型农业节水行为			行为态度→农业节水行为意愿→技术型农业节水行为			行为态度→农业节水行为意愿→社交型农业节水行为		
	效应	BootLLCI	BootULCI	效应	BootLLCI	BootULCI	效应	BootLLCI	BootULCI
低	0.029	0.014	0.046	0.021	0.009	0.037	0.034	0.017	0.052
中	0.037	0.022	0.052	0.031	0.019	0.044	0.038	0.023	0.052
高	0.044	0.026	0.064	0.04	0.025	0.058	0.041	0.024	0.058

注：BootLLCI指Bootstrap抽样95%区间下限，BootULCI指Bootstrap抽样95%区间上限。

6.4.3.2　命令控制型政策因素的调节中介效应分析

（1）社会监督的调节中介效应分析。

把政策法规作为外部情境因素，结合多层回归分析，探讨其在"行为态度→农业节水行为意愿→农业节水行为"路径中的调节效应。结果如表6-13所示。

表6-13 社会监督的调节中介效应检验结果

	行为态度→农业节水行为意愿→习惯型农业节水行为			行为态度→农业节水行为意愿→技术型农业节水行为			行为态度→农业节水行为意愿→社交型农业节水行为		
	效应	BootLLCI	BootULCI	效应	BootLLCI	BootULCI	效应	BootLLCI	BootULCI
低	0.000	−0.015	0.015	−0.003	−0.017	0.013	0.004	−0.016	0.026
中	0.024	0.012	0.04	0.026	0.014	0.041	0.025	0.011	0.041
高	0.048	0.029	0.073	0.056	0.036	0.08	0.046	0.027	0.066

注：BootLLCI 指 Bootstrap 抽样95%区间下限，BootULCI 指 Bootstrap 抽样95%区间上限。

由表6-13可知，当社会监督政策变量取平均水平时，三个方程 Bootstrap 95%置信区间不包含0，也即说明平均水平下，农业节水行为意愿在服从对农业节水行为影响的路径中存在中介作用。当社会监督政策变量取低水平时，三个方程 Bootstrap 95%置信区间均包含0，也即说明低水平下，农业节水行为意愿在服从对农业节水行为影响的路径中不存在中介作用。当宣传教育型政策变量取高水平时，三个方程 Bootstrap 95%置信区间也不包含0，也即说明高水平下，农业节水行为意愿在服从对农业节水行为影响的路径中存在中介作用。由此可知，在社会监督政策取低水平时农业节水行为意愿不会起中介作用，社会监督政策取平均水平或高水平时，农业节水行为意愿均起中介作用，即三种水平时中介效应的情况不一致，条件中介作用存在。因此，假设14a得到验证。

（2）政策法规的调节中介效应分析。

把政策法规作为外部情境因素，结合多层回归分析，探讨其在"行为态度→农业节水行为意愿→农业节水行为"路径中的调节效应。结果如表6-14所示。当政策法规变量取平均水平时，三个方程 Bootstrap 95%置信区间不包含0，也即说明平均水平下，农业节水行为意愿在行为态度对农业节水行为影响的路径中存在中介作用。当政策法规变量取低水平时，三个方程 Bootstrap 95%置信区间也不包含0，也即说明低水平下，农业节水行为意愿在行为态度对农业节水行为影响的路径中存在中介作用。当政策法规变量取高水平时，三个方程 Bootstrap 95%置信区间也不包含0，也即说明高水平下，农业节水行为意愿在行为态度对农业节水行为影响的路径中存在中介作用。综上可知，在政策法规取低水平、平均水平或高水平时，中介作用均存在，且效应均大于0，说明行为态度通过农业节水行为意愿对农业节水行为的间接效应因政策法规水平高低不同未存在显著性差异，即调节中介效应不存在。因此，假设14b未得到验证。

表6-14 政策法规的调节中介效应检验结果

	行为态度→农业节水行为意愿→习惯型农业节水行为			行为态度→农业节水行为意愿→技术型农业节水行为			行为态度→农业节水行为意愿→社交型农业节水行为		
	效应	BootLLCI	BootULCI	效应	BootLLCI	BootULCI	效应	BootLLCI	BootULCI
低	0.054	0.022	0.091	0.022	0.01	0.036	0.028	0.013	0.044
中	0.073	0.051	0.1	0.03	0.018	0.043	0.038	0.023	0.054
高	0.092	0.062	0.129	0.037	0.022	0.055	0.049	0.028	0.069

注：BootLLCI指Bootstrap抽样95%区间下限，BootULCI指Bootstrap抽样95%区间上限。

（3）增收超额水费的调节中介效应分析。

把水价政策作为外部情境因素，结合多层回归分析，探讨其在"行为态度→农业节水行为意愿→农业节水行为"路径中的调节效应。结果如表6-15所示。当水价政策变量取平均水平时，三个方程Bootstrap 95%置信区间不包含0，也即说明平均水平下，农业节水行为意愿在行为态度对农业节水行为影响的路径中存在中介作用。当水价政策变量取低水平时，三个方程Bootstrap 95%置信区间也不包含0，也即说明低水平下，农业节水行为意愿在行为态度对农业节水行为影响的路径中存在中介作用。当水价政策变量取高水平时，三个方程Bootstrap 95%置信区间也不包含0，也即说明高水平下，农业节水行为意愿在行为态度对农业节水行为影响的路径中存在中介作用。综上可知，在水价政策取低水平、平均水平或高水平时，中介作用均存在，且效应均大于0，说明行为态度通过农业节水行为意愿对农业节水行为的间接效应因水价政策水平高低不同未存在显著性差异，即调节中介效应不存在。因此，假设14c未得到验证。

表6-15 征收超额水费的调节中介效应检验结果

	行为态度→农业节水行为意愿→习惯型农业节水行为			行为态度→农业节水行为意愿→技术型农业节水行为			行为态度→农业节水行为意愿→社交型农业节水行为		
	效应	BootLLCI	BootULCI	效应	BootLLCI	BootULCI	效应	BootLLCI	BootULCI
低	0.039	0.018	0.063	0.021	0.008	0.036	0.033	0.017	0.051
中	0.05	0.033	0.069	0.029	0.018	0.043	0.036	0.022	0.052

	行为态度→农业节水行为意愿→习惯型农业节水行为			行为态度→农业节水行为意愿→技术型农业节水行为			行为态度→农业节水行为意愿→社交型农业节水行为		
	效应	BootLLCI	BootULCI	效应	BootLLCI	BootULCI	效应	BootLLCI	BootULCI
高	0.06	0.04	0.088	0.037	0.022	0.055	0.039	0.023	0.057

注：BootLLCI 指 Bootstrap 抽样 95% 区间下限，BootULCI 指 Bootstrap 抽样 95% 区间上限。

　　整体来看，政策法规和水价政策在"行为态度→农业节水行为意愿→农业节水行为"路径中的调节效应显著，而社会监督在"行为态度→农业节水行为意愿→农业节水行为"路径中的调节效应显著，反映出，由于不恰当的灌溉行为具有主体分散、随机、不易被监测等特点，如果仅仅依靠现行的自上而下的环境管理体制来解决农村的农业用水浪费现象，并不会提高农户对行为的认可，也无法改变农户的态度，反而过于强制性的政策还可能造成农户的厌恶和逆反心理。当然治理效果也会出现治不净、治不到的情况，从而无法从根本上约束农民的用水行为。实际上，在农村这样一个相对封闭的"熟人社会"中，"自下而上"的社会监管机制更能够促使农民自觉参与到节水行为中。

6.4.3.3　宣传教育型政策的调节中介效应分析

　　（1）生态环境价值观路径中宣传教育型政策因素的调节中介效应分析。

　　把宣传教育型政策因素作为外部情境因素，结合多层回归分析，探讨其在"环境价值观→农业节水行为意愿→农业节水行为"路径中的调节效应。由表 6-16 可知，当宣传教育型政策变量取平均水平时，三个方程 Bootstrap 95% 置信区间不包含 0，也即说明平均水平下，农业节水行为意愿在环境价值观对农业节水行为影响的路径中存在中介作用。当宣传教育型政策变量取低水平时，三个方程 Bootstrap 95% 置信区间也不包含 0，也即说明低水平下，农业节水行为意愿在环境价值观对农业节水行为影响的路径中存在中介作用。当宣传教育型政策变量取高水平时，三个方程 Bootstrap 95% 置信区间也不包含 0，也即说明高水平下，农业节水行为意愿在环境价值观对农业节水行为影响的路径中存在中介作用。综上可知，在宣传教育型政策取低水平、平均水平或高水平时，中介作用均存在，且效应均大于 0，说明环境价值观通过农业节水行为意愿对农业节水行为的间接效应因宣传教育型政策水平高低不同未存在显著性差异，即调节中介效应不存在。因此，假设 15 未得到验证。可能是因为环境价值观的提升和养成需要较长的时间，而宣传教育型政策效果存在时间跨度长、见效慢的特点[324]，导致调节效果不显著。

表 6-16　有调节的中介效应检验结果（1）

	行为态度→农业节水行为意愿→习惯型农业节水行为			行为态度→农业节水行为意愿→技术型农业节水行为			行为态度→农业节水行为意愿→社交型农业节水行为		
	效应	BootLLCI	BootULCI	效应	BootLLCI	BootULCI	效应	BootLLCI	BootULCI
低	0.044	0.02	0.072	0.049	0.02	0.08	0.057	0.025	0.089
中	0.056	0.038	0.078	0.066	0.045	0.091	0.082	0.053	0.107
高	0.069	0.045	0.097	0.083	0.055	0.115	0.106	0.069	0.142

注：BootLLCI 指 Bootstrap 抽样 95% 区间下限，BootULCI 指 Bootstrap 抽样 95% 区间上限。

（2）环境责任感路径中宣传教育型政策因素的调节中介效应分析。

把宣传教育型政策因素作为外部情境因素，结合多层回归分析，探讨其在"环境责任感→农业节水行为意愿→农业节水行为"路径中的调节效应。结果如表 6-17 所示。由表 6-17 可知，当宣传教育型政策变量取平均水平时，三个方程 Bootstrap 95% 置信区间不包含 0，也即说明平均水平下，农业节水行为意愿在环境责任感对农业节水行为影响的路径中存在中介作用。当宣传教育型政策变量取低水平时，三个方程 Bootstrap 95% 置信区间均包含 0，也即说明低水平下，农业节水行为意愿在环境责任感对农业节水行为影响的路径中不存在中介作用。当宣传教育型政策变量取高水平时，三个方程 Bootstrap 95% 置信区间也不包含 0，也即说明高水平下，农业节水行为意愿在环境责任感对农业节水行为影响的路径中存在中介作用。由此可知，在宣传教育型政策取低水平时农业节水行为意愿不会起中介作用，宣传教育型政策取平均水平或高水平时，农业节水行为意愿均起中介作用，即三种水平下中介效应的情况不一致，条件中介作用存在。因此，假设 16 得到验证。说明宣传教育政策能够唤起农户对环境保护的责任意识，增加行为个体的责任感、强化道德义务感，进而驱使他们参与农业节水行为。

表 6-17　有调节的中介效应检验结果（2）

	环境责任感→农业节水行为意愿→技术型农业节水行为			环境责任感→农业节水行为意愿→社交型农业节水行为			环境责任感→农业节水行为意愿→公民型农业节水行为		
	效应	BootLLCI	BootULCI	效应	BootLLCI	BootULCI	效应	BootLLCI	BootULCI
低	0.006	−0.003	0.038	0.006	−0.008	0.022	0.02	−0.03	0.068

续表

	环境责任感→农业节水行为意愿→技术型农业节水行为			环境责任感→农业节水行为意愿→社交型农业节水行为			环境责任感→农业节水行为意愿→公民型农业节水行为		
	效应	BootLLCI	BootULCI	效应	BootLLCI	BootULCI	效应	BootLLCI	BootULCI
中	0.024	0.008	0.037	0.024	0.013	0.04	0.064	0.033	0.095
高	0.042	0.009	0.044	0.042	0.025	0.065	0.107	0.07	0.149

注：BootLLCI 指 Bootstrap 抽样 95%区间下限，BootULCI 指 Bootstrap 抽样 95%区间上限。

（3）水资源稀缺性感知路径中宣传教育型政策因素的调节中介效应分析。

把宣传教育型政策因素作为外部情境因素，结合多层回归分析，探讨其在"水资源稀缺性感知→农业节水行为意愿→农业节水行为"路径中的调节效应，结果如表6-18所示。由表6-18可知，当宣传教育型政策取低水平，习惯型农业节水行为和公民型农业节水行为路径方程 Bootstrap 95%置信区间均包含0，表示中介作用均不存在。当宣传教育型政策取平均水平或高水平时，社交型农业节水行为路径方程 Bootstrap 95%置信区间均不包含0，表示中介作用均存在。上述结论说明，水资源稀缺性感知通过农业节水行为意愿对习惯型农业节水行为和公民型农业节水行为的间接效应因宣传教育型政策水平高低不同存在显著性差异，即调节中介效应存在。当宣传教育型政策取不同水平时，社交型农业节水行为路径方程 Bootstrap 95%置信区间均不包含0，表示中介作用均存在，即水资源稀缺性感知通过农业节水行为意愿对社交型农业节水行为的间接效应因宣传教育型政策水平高低不同未存在显著性差异，即调节中介效应不存在。因此，假设17得到部分验证。

表 6-18 有调节的中介效应检验结果（3）

	水资源稀缺性感知→农业节水行为意愿→习惯型农业节水行为			水资源稀缺性感知→农业节水行为意愿→社交型农业节水行为			水资源稀缺性感知→农业节水行为意愿→公民型农业节水行为		
	效应	BootLLCI	BootULCI	效应	BootLLCI	BootULCI	效应	BootLLCI	BootULCI
低	0.02	−0.005	0.049	0.050	0.025	0.076	0.010	−0.025	0.044
中	0.042	0.023	0.065	0.069	0.048	0.09	0.040	0.021	0.062
高	0.064	0.038	0.094	0.088	0.059	0.118	0.070	0.043	0.101

注：BootLLCI 指 Bootstrap 抽样 95%区间下限，BootULCI 指 Bootstrap 抽样 95%区间上限。

（4）主观规范路径中宣传教育型政策因素的调节中介效应分析。

把宣传教育型政策因素作为外部情境因素，结合多层回归分析，探讨其在"主观规范→农业节水行为意愿→农业节水行为"路径中的调节效应，结果如表6-19所示。由表6-19可知，对习惯型农业节水行为而言，在宣传教育型政策取平均水平时，Bootstrap 95%置信区间为0.015~0.044，不包含0，也即说明平均水平下，主观规范对农业节水行为影响时农业节水行为意愿有着中介作用。在宣传教育型政策取低水平时，Bootstrap 95%置信区间为-0.002~0.035，包含0，也即说明在低水平下，中介效应不存在。在宣传教育型政策取高水平时，Bootstrap 95%置信区间为0.024~0.061，不包含0，也即说明高水平下，中介效应存在。由此可知，在宣传教育型政策取低水平时农业节水行为意愿不会起中介作用，宣传教育型政策取平均水平或高水平时，农业节水行为意愿均会起中介作用。三种水平下中介效应的情况不一致，因此，条件中介作用存在。

表6-19　有调节的中介效应检验结果（4）

	主观规范→农业节水行为意愿→习惯型农业节水行为			主观规范→农业节水行为意愿→技术型农业节水行为			主观规范→农业节水行为意愿→社交型农业节水行为		
	效应	BootLLCI	BootULCI	效应	BootLLCI	BootULCI	效应	BootLLCI	BootULCI
低	0.015	-0.002	0.035	0.03	0.014	0.048	0.013	-0.011	0.038
中	0.028	0.015	0.044	0.037	0.025	0.053	0.031	0.016	0.047
高	0.041	0.024	0.061	0.045	0.029	0.065	0.048	0.028	0.072

注：BootLLCI指Bootstrap抽样95%区间下限，BootULCI指Bootstrap抽样95%区间上限。

对技术型农业节水行为而言，当在宣传教育型政策取不同水平时，方程Bootstrap 95%置信区间均不包含0，表示中介作用均存在，说明主观规范通过农业节水行为意愿对技术型农业节水行为的间接效应因宣传教育型政策水平高低不同未存在显著性差异，即调节中介效应不存在。

对社交型农业节水行为而言，在宣传教育型政策取平均水平时，Bootstrap 95%置信区间为0.016~0.047，不包含0，也即说明平均水平下，主观规范对公民农业节水行为影响时农业节水行为意愿有着中介作用。在宣传教育型政策取低水平时，Bootstrap 95%置信区间为-0.011~0.038，包含0，也即说明在低水平下，中介效应不存在。在宣传教育型政策取高水平时，Bootstrap 95%置信区间为

0.028~0.072，不包含 0，也即说明高水平下，中介效应存在。由此可知，在宣传教育型政策取低水平时农业节水行为意愿不会起中介作用，宣传教育型政策取平均水平或高水平时，农业节水行为意愿均会起中介作用。三种水平下中介效应的情况不一致，条件中介作用存在。因此，假设 18 部分成立。

（5）自我效能感路径中宣传教育型政策因素的调节中介效应分析。

把宣传教育型政策因素作为外部情境因素，结合多层回归分析，探讨其在"自我效能→农业节水行为意愿→公民型农业节水行为"路径中的调节效应（见表 6-20）。由表 6-20 可知，当宣传教育型政策变量取平均水平或高水平时，方程 Bootstrap 95% 置信区间不包含 0，也即说明在平均水平和高水平下，农业节水行为意愿在自我效能对公民型农业节水行为影响的路径中存在中介作用。当宣传教育型政策变量取低水平时，方程 Bootstrap 95% 置信区间均包含 0，也即说明低水平下，农业节水行为意愿在自我效能对公民农业节水行为影响的路径中不存在中介作用，即三种水平下中介效应的情况不一致，条件中介作用存在。因此，假设 19 得到验证。由此说明，自我效能通过农业节水行为意愿对公民型农业节水行为的间接效应因教育宣传高低的不同而存在异质性，即教育宣传越多，自我效能通过农业节水行为意愿对节水行为的间接效应越强。该结论与 Julia 和 Matthies（2016）的研究不谋而合[334]。

表 6-20　有调节的中介效应检验结果（5）

	自我效能→农业节水行为意愿→公民型农业节水行为		
	效应	BootLLCI	BootULCI
低	0.010	−0.022	0.043
中	0.036	0.016	0.059
高	0.063	0.036	0.092

注：BootLLCI 指 Bootstrap 抽样 95% 区间下限，BootULCI 指 Bootstrap 抽样 95% 区间上限。

（6）行为态度路径中宣传教育型政策因素的调节中介效应分析。

把宣传教育型政策因素作为外部情境因素，结合多层回归分析，探讨其在"行为态度→农户农业节水行为意愿→农业节水行为"路径中的调节效应。由表 6-21 回归结果可知，当宣传教育型政策变量取平均水平或高水平时，三个方程所有 Bootstrap 95% 置信区间不包含 0，也即说明在平均水平和高水平下，农业节水行为意愿在行为态度对农业节水行为影响的路径中存在中介作用。当宣传教育型政策变量取低水平时，三个方程 Bootstrap 95%置信区间均包含 0，也即说明低水平下，农业节水行为意愿在行为态度对农业节水行为影响的路径中不存在中介作用，即三种水平下中介效应的情况不一致，条件中介作用存在。因此，假设 20 得到验证。由此说明，行为态度通过农业节水行为意愿对农业节水行为的间接效应因教育宣传高低的不同而存在异质性，即教育宣传越多，行为态度通过农业节水行为意愿对节水行为的间接效应越强。

表 6-21　有调节的中介效应检验结果（6）

	行为态度→农业节水行为意愿→习惯型农业节水行为			行为态度→农业节水行为意愿→技术型农业节水行为			行为态度→农业节水行为意愿→社交型农业节水行为		
	效应	BootLLCI	BootULCI	效应	BootLLCI	BootULCI	效应	BootLLCI	BootULCI
低	0.011	−0.004	0.029	0.023	0.009	0.04	0.014	−0.005	0.033
中	0.024	0.013	0.039	0.03	0.019	0.043	0.021	0.006	0.038
高	0.036	0.02	0.055	0.037	0.023	0.053	0.029	0.01	0.05

注：BootLLCI 指 Bootstrap 抽样 95%区间下限，BootULCI 指 Bootstrap 抽样 95%区间上限。

（7）环境认同路径中宣传教育型政策因素的调节中介效应分析。

把宣传教育型政策因素作为外部情境因素，结合多层回归分析，探讨其在"环境认同→农业节水行为意愿→社交型农业节水行为"路径中的调节效应。由表 6-22 回归结果可知，当宣传教育型政策变量取平均水平或高水平时，方程所有 Bootstrap 95%置信区间不包含 0，也即说明在平均水平和高水平下，农业节水行为意愿在环境认同对社交型农业节水行为影响的路径中存在中介作用。当宣传教育型政策变量取低水平时，方程 Bootstrap 95%置信区间均包含 0，也即说明低水平下，农业节水行为意愿在环境认同对社交型农业节水行为影响的路径中不存在中介作用，即三种水平下中介效应的情况不一致，条件中介作用存在。因此，假设 21 得到验证。由此说明，环境认同通过农业节水行为意愿对社交型农业节水行为的间接效应因教育引导政策的高低不同而存在异质性，即教育引导水平越高，环境认同通过农业节水行为意愿对社交型农业节水行为的间接效应越强。

表 6-22　有调节的中介效应检验结果（7）

	环境认同→农业节水行为意愿→社交型农业节水行为		
	效应	BootLLCI	BootULCI
低	0.012	−0.008	0.031
中	0.022	0.007	0.038
高	0.032	0.014	0.053

注：BootLLCI 指 Bootstrap 抽样 95% 区间下限，BootULCI 指 Bootstrap 抽样 95% 区间上限。

6.4.3.4　社会规范的调节中介效应分析

把社会规范作为外部情境因素，结合多层回归分析，探讨其在"行为态度→农户农业节水行为意愿→农业节水行为"路径中的调节效应。由表 6-23 回归结果可知，当社会规范变量取平均水平或高水平时，两个方程所有 Bootstrap 95% 置信区间不包含 0，也即说明在平均水平和高水平下，农户农业节水行为意愿在行为态度对农业节水行为影响的路径中存在中介作用。当社会规范取低水平时，方程 Bootstrap 95% 置信区间均包含 0，也即说明低水平下，农户农业节水行为意愿在行为态度对农业节水行为影响的路径中不存在中介作用，即三种水平下中介效应的情况不一致，条件中介作用存在。因此，假设 22 得到验证。由此说明，行为态度通过农业节水行为意愿对农业节水行为的间接效应因社会规范高低的不同而存在异质性，即社会规范水平越高，行为态度通过农业节水行为意愿对节水行为的间接效应越强。

表 6-23　社会规范的调节中介效应检验结果

	行为态度→农业节水行为意愿→技术型农业节水行为			行为态度→农业节水行为意愿→社交型农业节水行为		
	效应	BootLLCI	BootULCI	效应	BootLLCI	BootULCI
低	0.009	−0.006	0.028	0.007	−0.004	0.019
中	0.020	0.009	0.036	0.020	0.010	0.031
高	0.032	0.015	0.053	0.032	0.017	0.048

注：BootLLCI 指 Bootstrap 抽样 95% 区间下限，BootULCI 指 Bootstrap 抽样 95% 区间上限。

6.5　本章小结

基于前文的理论分析和研究结论，本章利用 SPSS 统计软件重点考察了政策因素在农业节水行为中的调节作用和调节中介作用。第一，引入环境行为理论模型中的 ABC 理论和负责任的环境行为模型，进一步完善了农业节水行为理论模型，在此基础上对外部情境因素的影响机制进行了阐释并提出相关研究假设，建立本章假设体系，为后续的实证分析提供理论依据。第二，运用 SPSS 软件对研究数据进行了正态性、信度、效度和相关性检验。第三，利用 SPSS 软件对政策因素作用于农业节水行为意愿的假设进行了验证，研究结果表明：①农业节水过程中，存在意愿与行为的悖离，这为情境因素中的政策干预提供了依据。②调节效应检验结果表明，政策因素对农业节水行为意愿向行为转化路径中起调节作用。③调节中介效应检验结果表明，宣传教育型政策在农业节水行为意愿对环境责任感、主观规范、自我效能、环境认同与农业节水行为的中介效应中起调节效应的作用，命令控制型政策对农业节水行为意愿的中介作用的正向调节作用部分显著，而激励型政策对农业节水行为意愿的中介作用的正向调节作用均不显著。

第7章 引导农户农业节水行为的政策建议

7.1 农户农业节水行为引导体系构建

　　建立农户农业节水行为引导体系，是提升农户农业节水参与积极性、减少农户反向行为决策的关键手段。农户作为农业用水的主导力量，其行为对于实现农业水资源可持续利用有着重要的意义。鉴于农业节水的重要性以及现实中作为农业用水主体的农户用水行为的劣性，有必要对农户用水行为设立一套兼顾管理策略和激励机制的农户农业节水行为引导体系，通过更好地引导和规范农户用水行为，推进农业节水目标的实现。根据前文的实证和模拟分析结果，农户心理因素既能直接影响农户的农业节水行为，还能通过农业节水行为意愿显著影响农业节水行为，此外外部情境因素对农业节水行为意愿向行为的转化有显著的调节作用和调节中介作用。结合农户节水行为现状、影响因素，以及现有节水政策，本章主要从四个方面出发构建农户农业节水行为引导体系（见图7-1），分别为基于人口学特征的行为促进策略、基于心理因素的行为驱动策略、基于外部情境因素的行为引导策略和农户农业节水行为内化策略。

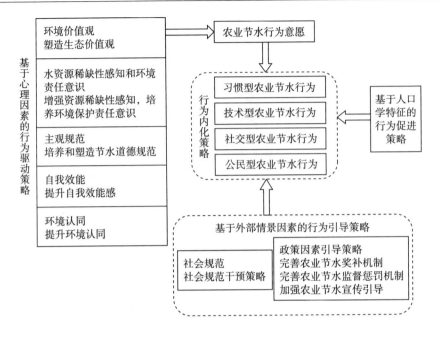

图 7-1 农户农业节水行为引导体系

7.2 基于人口学特征的行为促进策略

考察量表交叉分析表明，农户农业节水行为在社会结构因素上存在差异。因此，政府制定的农业节水行为引导策略应基于人口学特征的不同，有针对性地进行规范和引导，以求达到最佳引导效果。具体来看，年龄在 30 岁以下、受教育程度在小学及以下、非村干部身份、在村居住时间 4 个月以下、家庭劳动力占比较低、家庭收入 1 万元及以下的群体农业节水行为参与水平更差，政府应该重点关注并靶向引导这类"特殊"群体。可通过构建个人信息统计平台，根据统计信息，定制差别化宣传途径和信息引导内容，进而提高农户对节水行为的敏感性，引发其对节水行为的关注和参与。

7.3　基于心理因素的行为驱动策略

由实证结果可知，农户的生态环境价值观、环境责任感、水资源稀缺性感知、主观规范、自我效能、行为态度和环境认同等心理感知变量均显著直接或间接地影响农户农业节水行为意愿和行为，表明心理因素是节水行为的内部心理归因，它通过影响个体节水意愿进而促进节水行为的发生。但是，农户在用水问题存在很多共性的特点，如缺乏水资源保护意识和责任感，认为节水是政府的事，与自己无关以及习惯养成等。因此，政府制定政策时应关注微观个体心理因素的提升，使节水行为内化为农户内心的理性自觉。具体措施包括：

第一，塑造生态价值观。面对农业节水过程中广泛存在的"知易行难""意强行弱"的困境，强化农户生态价值观，是激发节水意愿、促成节水行为的一条有效路径。但是生态价值观的塑造是一项长期不断累积的过程，需要政府、教育等多部门的长期配合。一方面，政府、用水协会等利益主体应以身作则，营造社会节水氛围，潜移默化影响农户价值观；另一方面，全方位纵深教育，在加强农村信息化建设的基础上，充分发挥媒介对水资源环境知识的传播和生态环境价值观的教育塑造作用。

第二，增强资源稀缺性感知，培养环境保护责任意识。通过电视、网络等媒体，加强宣传区域内降水量、蒸发量、用水量等水资源环境现状以及人类不节约用水可能造成的危害与负面影响，使农户认识到自身行为与水资源环境间的对立统一关系，增强农户保护农业水资源的紧迫感，从内心激发培育农户的环境责任感，进而促使其主动采取农业节水行为，防患于未然。

第三，加强节水道德规范的培养和塑造。通过树立典型节水道德模范并借助各种宣传媒介和宣传渠道加以宣传，提升农户对水资源的关注，强化农户节水道德意识，使其对自身不恰当的用水行为感到愧疚和自责，并积极主动承担节约用水的义务。在农户实施节水行为之后，也应及时给予正面反馈，如通过村委会表彰、提高其社会地位等途径，继续提升农户的节水认知和态度，进而形成行为实施的良性循环。

第四，提升自我效能感。一是鼓励开办田间学校，支持农业技术人员下乡进地对农户采取各种农业节水行为进行指导，向农户传授基本的农业节水技能，提高农户的整体节水知识与技能水平。二是加强对水利渠道基础设施建设与维护，通过完善农村土地流转制度、土地平整，扩大土地经营规模，为农户参与技术型农业节水行为提供便利的设施条件。三是建议进一步完善农村相关信贷保险机制，简化有关贷款程序和抵押担保制度，降低金融准入门槛，为农户节水设施建设提供资金保障；通过完善农业保险制度，创新特色农业保险品种，降低或分散农户在采纳技术型农业节水行为过程中可能面临的农业生产风险，提升农户的节水灌溉行为适应性能力。

第五，提升环境行为认同。实现农业节水目标是一个复杂而漫长的过程，而农户作为农业用水的主体，任何节水制度、政策的制定与推行、节水技术的推广与应用以及节水目标的实现都与农户密切相关。因此，农户要认识到农业节水的重要性，具备较强的农业水资源保护理念，正确定位自身用水行为在实现农业节水目标过程中的重要角色，深刻意识到自身农业节水行为可以改善水资源环境、维持水资源可持续利用，进而提高其在节水行为实施过程中的主观能动性。同时也要让农户认识到不恰当的用水行为会对水资源环境造成不可估量的损害，会损害子孙后代的利益，是一种不可持续的农业生产方式，进而提升其自我节水约束能力。

7.4 基于外部情境因素的行为引导策略

7.4.1 社会规范引导策略

研究结果表明，社会规范作为一种非正式制度在农户农业节水行为中扮演着重要角色。良好的社会规范能够有效弥补正式制度的不足，能够在潜移默化中影响农户心理感知，促使农户自觉主动遵守水资源保护规则，进行自我行为约束。提升社会规范，一方面要研究制定农户节水行为规范，为农户实施节水行为提供行动指导和参考标准，并加强社会规范的引导作用，促进农户节水意愿向行为的转化；另一方面将已实施节水行为的农户和村庄设为模范与标杆，建立示范户、示范村，对于具有突出表现的村干部、种植大户等特殊典型人物，要有意识地宣传、塑造其榜样形象，充分发挥其表率和标杆作用，在整个村庄形成良好的社会氛围，以加深农户对实施节水行为的社会规范感知。

7.4.2　政策因素引导策略

前文实证结果显示，外部政策情境因素对农户节水行为意愿和行为都有不同程度的促进作用，但三种政策因素对农户行为影响途径略有不同。因此，在政策实施的过程中要考虑综合运用多种措施进行干预。由于我国现有涉及农户层面的农业节水政策较少，所以问卷中对政策因素的测度更多是农户对这些政策的感知。在农户层面的农业节水政策制定与完善仍任重而道远。

7.4.2.1　完善农业节水奖补机制

调节效应分析表明，激励型政策因素可以促进农户农业节水行为意愿向行为的转化，因此可通过激励手段引导农户开展相关节水活动。补贴是经济激励的主要手段。微观层面的农户农业用水行为主要涉及灌溉水和保水两个过程。政府应加大对滴灌、微灌、保水剂等农业节水设施和节水产品的推广，制定节水设施价格补贴，降低农户购买成本，提高农户购买意愿。此外，还应建立奖励机制，对于积极节水的农户给予一定的奖励，从而快速引导部分农户参与农业节水行为。调节中介效应结果表明，激励型政策因素并未正向调节农业节水行为意愿在行为态度和农业节水行为中的中介效应，反映出激励型政策因素只是起到短期性的激励行为的作用，不能从根本上改变农户对节水行为的态度。究其缘由，农户生态保护环境意识薄弱。在实地访谈中，我们了解到很多农户认为河套灌区水资源丰富，取之不尽、用之不竭，参加节水是趋于对利益和声誉的追求，与环保无关。

7.4.2.2　完善农业节水监督惩罚机制

监督惩罚是阻止其错误行为继续开展的一种约束。如果缺乏有效的监督与规范，在个人利益的驱使下会诱发农户机会主义行为，严重阻碍农业节水进程的推进。由前文分析可知，社会监督、政策法规和征收超额水费均可调节农业节水意愿向农业节水行为的转化，同时三类命令控制型政策还通过影响节水行为态度显著调节农业节水行为意愿的中介作用。因此，应该完善外部命令控制政策因素，充分发挥政策干预力量。由于我国现有农户层面农业节水行为政策法规较少，农户了解的就更少，因此政府因考虑制定并出台农户层面节水政策法规，从法律层面明确规定违反农业用水和相关规定的农户需要承担的民事责任，增加农户的违法违规用水行为成本，规范农户用水行为。目前样本区域命令控制型政策仍以社会监督和处罚为主，对于破坏节水氛围或严重浪费水资源的行为应采取必要的经济惩罚措施或声誉惩罚措施，如罚款、村集体微信群内通报批评等，增强违规用水农户的经济成本或道德成本，有效约束农户的浪费水资源行为。

7.4.2.3　加强农业节水宣传引导

实证结果表明，宣传教育对农户农业节水行为有很好的调节作用。由村委会带头，开展农业节水教育，通过教育培训扩大农村农业节水活动的连带效应，提高农户的用水忧患意识，强化农户对农业水资源保护认知，引导农户积极参与农业节水行为。实证结果还表明，宣传教育通过作用于农户心理因素进而影响农业节水行为。因此，在对农户进行宣传教育的过程中要加强农户生态价值观、环境责任感等道德品质的培养。在样本区域内，农户灌溉用水方式以大水漫灌为主，应通过宣传教育让农户充分认识到水资源问题的严重性以及当下所采用的大水漫灌的方式是粗放的、不可持续的，而积极参与节水灌溉才是缓解水资源紧缺、提高农业用水效率战略抉择。要引导农户树立节约用水的观念，提高节水灌溉意识，自觉地落实节水行为，为建立农业水资源节约型社会尽自己的一份力量。

7.5　农户农业节水行为内化策略

7.5.1　习惯型农业节水行为内化策略

习惯型农业节水行为源于自身传统的农业生产实践和个体环境价值观及责任观念，在四类农业节水行为中，其均值最大，实施效果最好。但出于偷懒的心态，也是最容易被忽视的行为。模拟结果表明，命令控制型政策和宣传教育型政策对其引导效果最好。为此，政府部门应完善教育引导机制，重视个体水资源保护观念的养成，同时加强监督管理与惩罚约束机制，通过内部引导与外部约束相结合，从而促进农户习惯型农业节水行为的形成。

7.5.2　技术型农业节水行为内化策略

技术型农业节水行为成本较高、风险较大，农户在权衡利益成本后会做出技术型农业节水行为实施决策。根据实证分析和模拟结果，激励是诱发技术型农业节水行为的重要手段。政府应继续加大对采用节水技术的农户提供资金补助和奖励，尤其是投入成本较高、节水效果较好的技术，在初期工程投入、中期和后期维护等方面应加大支持力度，降低技术的实施成本和不确定性。但过度依赖政府资金投入支持并非长期有效的方式，因此要结合监督规制和教育引导手段，强化农户对节水技术的正确认知，提升其技术采用需求，进而达到技术节水行为的引导和内化。

7.5.3　社交型农业节水行为内化策略

社交型农业节水行为是个体权衡人际关系利弊后的行为决策，由描述性统计结果可以看出，其实施水平劣于习惯型和技术型农业节水行为。结合调研访谈，其实施水平较低的原因是很多农户持有"事不关己，己不劳心"的态度，认为"管好自己就行了，别人的行为与自己无关，少说为佳"，也有一部分人认为掺和别人的事容易破坏邻里关系，严重时还可能会遭受打击报复。因此，社交型农业节水行为的内化应在激励、规范的基础上，重点从教育引导入手，深化水资源稀缺感，培育水资源保护正义感，提升节水行为自豪感，促进节水行为认同感。同时，根据实证结果，还应建立积极、友好的社会规范氛围，树立榜样形象，充分发挥示范与带动效应，从而引导农户积极参与农业节水活动。

7.5.4　公民型农业节水行为内化策略

公民型农业节水行为在四类农业节水行为中均值最小，实施效果最差。通过调研访谈可知，公民型农业节水行为实施水平较差的农户普遍认为节水是政府的事情，与自身无关；也有农户认为地球上的水资源储备是较为丰富的，个人多浇点水，给水资源环境所带来的损害有限，相应的个体节水效果也是有限的。因此，结合调节中介效应检验结果，公民型农业节水行为的内化一是要通过借助电视、微信等媒介手段提高农户水量短缺认知，激发农户的环境责任意识。二是要通过宣传、培训、村庄节水评比等活动，鼓励和引导农户积极参与、体验节水行动，激发农户的节水主动性，提高农户节水行为效能感。

第8章　研究结论和展望

8.1　研究结论

黄河流域平均降水量低，而潜在蒸发量较高；农业用水量占比大，而平均灌溉用水效率较低，反映出流域内农户在生产过程中的用水行为不符合当地水资源状况，同时也不利于可持续发展目标。这就需要剖析农户在生产过程中的节水行为决策机理和行为动因，探索合理有效的激励、约束及引导措施，优化农户用水行为。基于此，本书首先通过对国内外农户农业节水行为模式、农业节水行为影响因素、农业节水行为引导策略等相关文献的系统性梳理，基于农户行为理论、计划行为理论、"价值—信念—规范"理论、负责任的环境行为理论、社会影响理论和外部性理论剖析农户农业节水行为形成机制，构建农户农业节水行为影响因素理论模型。其次以内蒙古河套灌区为研究区域，运用结构方程模型量化分析心理因素对农户节水行为的驱动效应，在此基础上，引入径向基函数神经网络，对农户节水行为进行模拟分析，进一步验证心理因素对节水行为的预测效应并对各影响因素相对重要性进行排序；引入外部情境因素，并利用分层回归模型检验外部政策因素和社会规范对农户农业节水行为的调节效应和调节中介效应。最后基于上述研究结果，构建农户农业节水行为仿真模拟，从长期的视角剖析外部政策情境因素对农户农业节水行为的动态引导效果。通过上述研究，本书主要得出以下结论：

第一，不同类型农户农业节水行为实施状况存在差异。基于农户农业节水行为的内涵，依据行为表现形式和动机，将农户农业节水行为分为习惯型农业节水行为、技术型农业节水行为、社交型农业节水行为和公民型农业节水行为四个维度，并通过实证研究发现，四种类型农业节水行为实施状况存在差异，其中习惯型农业节水行为实施效果最好（3.337），其次是技术型农业节水行为（3.139），然后是社交型农业节水行为（2.943），公民型农业节水行为实施效果最差（2.856）。总体来看，农户农业节水行为实施状况不理想，有待进一步提高。

第二，农户农业节水行为因社会人口学特征不同存在差异。实证结果表明，农户农业节水行为在性别、年龄、受教育程度、村干部身份、家庭劳动力占比、在村居住时间、耕地破碎化程度、家庭收入八项特征上存在显著差异。其中，性别对习惯型农业节水的影响效应显著，男性相比女性更倾向于采纳习惯型农业节水行为。年龄对习惯型农业节水行为、社交型农业节水行为和公民型工业节水行为均有显著效应，三类农业节水行为在年龄分布上均呈现倒"U"形关系，41~50岁年龄段的农户更加关注习惯型农业节水，31~40岁年龄段的农户更加关注技术型农业节水，51~60岁阶段的农户更加关注公民型农业节水。受教育程度对四种农业节水行为均有显著效应，受教育程度越高越关注农业节水问题。村干部身份差异对习惯型农业节水行为、社交型农业节水和公民型农业节水的影响效应显著，当过村干部的农民更倾向于实施农业节水行为。在村居住时间对四种农业节水行为的影响均显著，在村居住时间越长越倾向采纳农业节水技术行为。家庭劳动力占比对技术型农业节水行为影响效应显著，家庭劳动力占比越高的农户家庭越倾向于选择技术型农业节水行为。耕地破碎化程度对四种农户农业节水行为的效应不显著。家庭收入对公民型农业节水行为具有显著效应，收入越高的农民越倾向于关注生态资源问题。

第三，大部分心理因素均可通过农业节水行为意愿作用于农业节水行为。生态环境价值观、水资源稀缺性感知、主观规范、行为态度通过农业节水行为意愿作用于习惯型农业节水行为；生态环境价值观、环境责任感、主观规范、行为态度通过农业节水意愿作用于技术型农业节水行为；环境价值观、环境责任感、水资源稀缺性感知、行为态度、环境认同通过农业节水行为意愿作用于社交型农业节水行为；环境责任感、水资源稀缺性感知、主观规范、自我效能通过农业节水行为意愿作用于公民型农业节水行为。

第四，不同类型农业节水行为影响因素重要性存在差异。基于 RBF 神经网络分析表明心理因素能够有效预测判别农户是否参与农业节水进行，但各心理因素对农户农业节水行为的相对重要性排序存在差异。对习惯型农业节水行为影响显著的心理因素由大到小依次是主观规范、环境价值观、行为态度、水资源稀缺性感知和环境认同。对技术型农业节水行为影响显著的心理因素由大到小依次是环境责任感、主观规范、行为态度和环境价值观。对社交型农业节水行为影响显著的心理因素由大到小是环境责任感、行为态度、环境价值观、环境认同和水资源稀缺性感知。对公民型农业节水行为影响显著的心理因素由大到小依次是主观规范、环境价值观、自我效能、水资源稀缺性感知和环境责任感。

第五，外部情境因素对农业节水行为意愿作用于农业节水行为的路径有调节作用，但不同的外部情境变量对行为意愿与行为之间的调节作用存在差异。激励型政策因素对农业节水行为意愿作用于习惯型农业节水行为、技术型农业节水行为和公民型农业节水行为的调节效应显著，且为显著正向调节效应；社会监督政策因素对农业节水行为意愿作用于四种农业节水行为的调节效应均显著，且为显著正向调节效应；政策法规因素对农业节水行为意愿作用于四种农业节水行为的调节效应均显著，且为显著正向调节效应；征收超额水费政策对农业节水行为意愿作用于四种农业节水行为的正向调节效应均显著；宣传教育型政策工具对农业节水行为意愿作用于四种农业节水行为的调节效应显著，且为显著正向调节效应。社会规范对农业节水行为意愿作用于技术型农业节水行为、社交型农业节水行为和公民型农业节水行为的调节效应显著。

第六，外部情境因素对农户农业节水行为的形成路径有调节中介作用。实证结果表明，激励型政策因素在"行为态度→农业节水意愿→农业节水行为"中介路径中不存在调节作用；社会监督工具变量在"行为态度→农业节水意愿→农业节水行为"中介路径中的调节作用显著；政策法规工具变量在"行为态度→农业节水意愿→农业节水行为"中介路径中不存在调节作用；水价政策在"行为态度→农业节水意愿→农业节水行为"中介路径中不存在调节作用；宣传教育型政策水平越高，环境责任感、主观规范、自我效能和环境认同通过农业节水行为意愿对农业节水行为的间接效应越强。

第七，从长期来看，不同政策组合对四种农户农业节水行为的引导效应存在差异。无政策激励情形与政策最优情形对比分析结果表明，在无外部政策干预的情况下，四种农户农业节水行为实施情况均比较差，在政策最优情况下，农业节水行为实施效果显著提高。单个政策情境因素干预效果分析表明，从长期来看，三种政策均能促进农业节水行为的形成，但影响效果并未达到最优情形，不同类型政策对不同类型节水行为的促进效果存在差异。激励型政策对技术型农业节水行为的促进效果最好；命令控制型政策对习惯型农业节水行为的促进效果相对更好；宣传教育型政策对社交型农业节水行为和公民型农业节水行为的促进效果更好。政策组合效应分析表明，政策两两组合下的干预效果优于无政策情形和单一政策情形，劣于政策最优情形。在政策两两组合的情形下，习惯型农业节水行为在命令控制型政策和宣传教育型政策的组合引导下实施效果更好；技术型农业节水行为在激励型政策和命令控制型政策的组合引导下实施效果更好；社交型农业节水行为和公民型农业节水行为在命令控制型政策和宣传教育型政策的组合引导实施效果更好。

8.2 研究局限和展望

基于微观视角研究农户节水行为尚属于一个较新的研究领域。尽管本书在农户亲环境行为研究、农业节水意愿、行为的影响方面进行了一些探索工作。在问卷处理、实证研究和模拟分析的过程中力求科学严谨，然而，受时间及诸多因素的限制，仍存在着一些不足之处，具体表现在如下几个方面：

第一，农业节水行为是一个复杂的过程，受多种内在和外在因素的共同影响。本书综合借鉴了环境行为经典理论和诸多相关文献，对农户农业节水行为影响因素进行筛选、设计量表，并对问卷进行了一系列检验，但受主观因素的影响，仍可能存在遗漏个别重要因素的可能性。在后续研究中，可进一步挖掘对农户节水行为有价值的其他因素。

第二，本书主要聚焦于河套灌区的农户农业节水行为。受样本地域分布的限制，本书未能对不同省域间农户的节水行为进行空间差异分析。为此，在未来的研究中可以考虑适当扩大调研的空间选择范围，通过进行覆盖地域更广、样本特征更丰富的大规模调研，增强调研数据的代表性和研究结论的一般性，并进一步探讨分析农户节水行为的空间异质性。

第三，受数据收集成本的限制，本书实证研究采用的是横向调研数据，受限于横剖性数据特点，不能进行纵向动态分析。然而政策工具对农户行为的影响可能是一个长期的过程，因此调研方法的设计可能使得研究结果存在偏差。此外，受限于截面样本，本书只能判断各变量之间存在显著的相关关系，无法对各个变量之间的因果关系及作用程度做出精确断定。后续研究中可以考虑拓展调研时间范围，采用长期跟踪观察农户的形式获取纵向数据，以对农户行为进行动态分析。

第四，本书中所采用的仿真系统虽然在一定程度上能反映政策的动态干预效应，但是模拟系统并不能如实反映现实环境，忽视了诸如自然因素、社会环境因素改变对农户行为的影响。

参考文献

[1] 严冬，周建中，王学敏，刘晨. 农业水权和排污权相互置换的探讨 [J]. 水利学报，2014，45（12）：1464-1471.

[2] 王蔷. 农业水价综合改革：进展、挑战与效应评价——基于四川省武引灌区的案例数据 [J]. 农村经济，2020（03）：102-109.

[3] 王博，万晶晶，朱玉春. 制度能力对农户合作供给农田灌溉系统的影响分析——基于黄河灌溉区 6 省份的调查数据 [J]. 农业技术经济，2019，20（02）：32-44.

[4] 国家发展改革委，水利部. 国家节水行动方案 [EB/OL]. （2019-04-15）[2019-06-17]. http：//www. ndrc. gov. cn/zcfb/gfxwj/201904/t20190418_933455. html.

[5] Yang S L, Shi B, Fan J, et al. Streamflow Decline in the Yellow River along with Socioeconomic Development：Past and Future [J]. Water, 2020, 12（03）：823.

[6] 马涛，王昊，谭乃榕，朱江，张凡凡. 流域主体功能优化与黄河水资源再分配 [J]. 自然资源学报，2021，36（01）：240-255.

[7] 郑志来. 政策因素与农业用水户的节水行为 [J]. 华南农业大学学报（社会科学版），2013，12（02）：27-33.

[8] 邢霞，修长百，刘玉春. 黄河流域水资源利用效率与经济发展的耦合协调关系研究 [J]. 软科学，2020，34（08）：44-50.

[9] 中共中央、国务院. 中共中央、国务院关于加快水利改革发展的决定 [N/OL]. （2010-12-31）[2011-01-29]. http：//www gov. cn/jrzg/2011-01/29/content_1795245. htm.

[10] 冯保清. 我国不同尺度灌溉用水效率评价与管理研究 [D]. 北京：中国水利水电科学研究院，2013.

[11] 王志忠. 通辽市灌溉水有效利用系数测算分析 [D]. 长春：吉林大学，2014.

[12] 张廉，段庆林，王林伶. 黄河流域生态保护和高质量发展报告 [M]. 北京：社会科学文化出版社，2020.

[13] 尚旭东，朱守银，段晋苑. 国家粮食安全保障的政策供给选择——基于水资源约束视角 [J]. 经济问题，2019（12）：81-88.

[14] 邓宗兵，苏聪文，宗树伟，宋鑫杰. 中国水生态文明建设水平测度与分析 [J]. 中国软科学，2019（09）：82-92.

[15] 杨晶. 乡村振兴战略推进下农业水资源节水激励机制研究 [J]. 农业经济，2020（07）：12-14.

[16] 钱正英，陈家琦，冯杰. 从供水管理到需水管理 [J]. 中国水利，2009（05）：20-23.

[17] 赵令，雷波，苏涛，周亮. 我国粮食主产区农业灌溉节水潜力估算研究 [J]. 节水灌溉，2019（08）：130-133.

[18] 徐涛，赵敏娟，李二辉，乔丹. 技术认知、补贴政策对农户不同节水技术采用阶段的影响分析 [J]. 资源科学，2018，40（04）：809-817.

[19] 曹俊杰，吴佩林. 环渤海经济圈农业水资源利用与保护问题研究 [J]. 前沿，2009（01）：99-102.

[20] 王玉宝，吴普特，赵西宁，李甲林. 我国农业用水结构演变态势分析 [J]. 中国生态农业学报，2010，18（02）：399-404.

[21] 张刘雁. 水资源约束下农业结构调整的研究——基于茶陵县界首镇的调查 [J]. 湖南农业科学，2015（09）：114-117.

[22] 王秀鹃，胡继连. 中国农业空间布局与农业节水研究 [J]. 山东社会科学，2019（02）：130-136.

[23] 张喜英. 华北典型区域农田耗水与节水灌溉研究 [J]. 中国生态农业学报，2018，26（10）：1454-1464.

[24] Valizadeh V N, Bijani M, Hayati D, et al. Social-cognitive Conceptualization of Iranian Farmers' Water Conservation Behavior [J]. Hydrogeology Journal, 2019, 27（11）：1131-1142.

［25］Chen Z, Li P, Jiang S, et al. Evaluation of Resource and Energy Utiliza-tion, Environmental and Economic Benefits of Rice Water-saving Irrigation Technolo-gies in a Rice-wheat Rotation System ［J］. Science of the Total Environment, 2020 （757）: 143748.

［26］Sapino F, Carlos D P B, Carlos G M, et al. An Ensemble Experiment of Mathematical Programming Models to Assess Socio-economic Effects of Agricultural Wa-ter Pricing Reform in the Piedmont Region, Italy ［J］. Journal of Environmental Man-agement, 2020, 267 （04）: 110645.

［27］Fang L, Zhang L. Does the Trading of Water Rights Encourage Technology Improvement and Agricultural Water Conservation? ［J］. Agricultural Water Manage-ment, 2020, 233 （02）: 106097.

［28］Fei R, Xie M, Wei X, et al. Has the Water Rights System Reform Re-strained the Water Rebound Effect? Empirical Analysis from China's Agricultural Sec-tor ［J］. Agricultural Water Management, 2021, 246 （03）: 106690.

［29］丁志华, 姜艳玲, 王亚维. 社区环境对居民绿色消费行为意愿的影响研究 ［J］. 中国矿业大学学报（社会科学版）, 2021 （02）: 1-15.

［30］刘贤伟. 价值观、新生态范式以及环境心理控制源对亲环境行为的影响 ［D］. 北京: 北京林业大学, 2012.

［31］潘丽丽, 王晓宇. 基于主观心理视角的游客环境行为意愿影响因素研究——以西溪国家湿地公园为例 ［J］. 地理科学, 2018, 38 （08）: 1337-1345.

［32］魏静, 方行明, 王金哲. 环境责任感、收入水平与责任厌恶 ［J］. 财经科学, 2018 （08）: 81-94.

［33］史海霞, 王善勇, 翟坤周. 双重环境教育对大学生 PM2.5 减排行为的影响机制研究 ［J］. 干旱区资源与环境, 2020, 34 （07）: 62-67.

［34］杨贤传, 张磊. 媒体说服形塑与城市居民绿色购买行为——调节中介效应检验 ［J］. 北京理工大学学报（社会科学版）, 2020, 22 （03）: 14-25.

［35］史海霞, 孙壮珍. 城市居民 PM2.5 减排行为影响因素及应对策略研究 ［J］. 生态经济, 2019, 35 （02）: 202-207.

［36］刘七军, 李昭楠. 不同规模农户生产技术效率及灌溉用水效率差异研究——基于内陆干旱区农户微观调查数据 ［J］. 中国生态农业学报, 2012, 20 （10）: 1375-1381.

[37] 陈英, 唐晶, 邱晓娜. 民勤水资源短缺的农户感知: 现状、特征与影响 [J]. 干旱区资源与环境, 2017, 31 (06): 14-19.

[38] 赵雪雁, 薛冰. 干旱区内陆河流域农户对水资源紧缺的感知及适应——以石羊河中下游为例 [J]. 地理科学, 2015, 35 (12): 1622-1630.

[39] 王昕, 陆迁, 吕奇昂. 水资源稀缺性感知对农户灌溉适应性行为选择的影响分析——基于华北井灌区的调查数据 [J]. 干旱区资源与环境, 2019, 33 (12): 159-164.

[40] 王昕, 陆迁. 水资源稀缺性感知影响农户地下水利用效率的路径分析——基于华北井灌区 1168 份调查数据的实证 [J]. 资源科学, 2019, 41 (01): 87-97.

[41] 刘维哲, 王西琴. 农户稀缺感知、超采认知对地下水灌溉用水效率的影响——基于河北地下水超采区 457 个农户调研数据 [J]. 中国生态农业学报 (中英文), 2021 (02): 1-8.

[42] Chin J, Jiang B, Mufidah I, et al. The Investigation of Consumers' Behavior Intention in Using Green Skincare Products: A Pro-Environmental Behavior Model Approach [J]. Sustainability, 2018, 10 (11): 2-15.

[43] 石世英, 胡鸣明. 无废城市背景下项目经理垃圾分类决策行为意向研究——基于计划行为理论框架 [J]. 干旱区资源与环境, 2020, 34 (04): 22-26.

[44] 刘丽, 白秀广, 姜志德. 空间异质性下农户水土保持耕作技术采用行为研究——基于黄土高原 3 省 6 县的实证 [J]. 长江流域资源与环境, 2020, 29 (08): 1874-1884.

[45] 谢凯宁, 李世平, 王瑛. 农村居民生活垃圾集中处理支付意愿研究——基于拓展计划行为理论 [J]. 生态经济, 2020, 36 (02): 177-182.

[46] 廖芬, 青平, 侯明慧. 消费者食物浪费行为影响因素分析——基于计划行为理论的视角 [J]. 农业现代化研究, 2020, 41 (01): 115-124.

[47] Ifinedo P. Understanding Information Systems Security Policy Compliance: An Integration of the Theory of Planned Behavior and the Protection Motivation Theory [J]. Computers & Security, 2012, 31 (01): 83-95.

[48] Bandura A. Self-efficacy toward a Unifying Theory of Behavioral Change [J]. Advances in Behaviour Research & Therapy, 1977, 1 (04): 139-161.

［49］Lauren N, Fielding K S, Smith L, et al. You Did, so You Can and You Will: Self-efficacy as a Mediator of Spillover from Easy to More Difficult Pro-environmental Behavior ［J］. Journal of Environmental Psychology, 2016, 48（01）: 191-199.

［50］李红莉, 张俊飚, 张露, 罗斯炫. 气候变化认知对农户适应性耕作行为的影响——基于湖北省"十县千户"的田野调查［J］. 中国农业资源与区划, 2021（02）: 1-16.

［51］余威震, 罗小锋, 李容容, 薛龙飞, 黄磊. 绿色认知视角下农户绿色技术采纳意愿与行为悖离研究［J］. 资源科学, 2017, 39（08）: 1573-1583.

［52］Aprile M C, Fiorillo D. Water Conservation Behavior and Environmental Concerns: Evidence from a Representative Sample of Italian Individuals ［J］. Journal of Cleaner Production, 2017, 159（08）: 119-129.

［53］陈柱康, 张俊飚, 何可. 技术感知、环境认知与农业清洁生产技术采纳意愿［J］. 中国生态农业学报, 2018, 26（06）: 926-936.

［54］何悦, 漆雁斌. 农户过量施肥风险认知及环境友好型技术采纳行为的影响因素分析——基于四川省380个柑橘种植户的调查［J］. 中国农业资源与区划, 2020, 41（05）: 8-15.

［55］王常伟, 顾海英. 农户环境认知、行为决策及其一致性检验——基于江苏农户调查的实证分析［J］. 长江流域资源与环境, 2012, 21（10）: 1204-1208.

［56］Almeida C, Altintzoglou T, Cabral H, Vaz S. Does Seafood Knowledge Relate to More Sustainable Consumption? ［J］. British Food Journal, 2015, 117（02）: 894-914.

［57］Tikka M P, Kuitunen M T, Tynys S M. Effects of Educational Background on Students' Attitudes, Activity Levels, and Knowledge Concerning the Environment ［J］. The Journal of Environmental Education, 2000, 31（03）: 12-19.

［58］Lapple D, Kelley H. Understanding the Uptake of Organic Farming: Accounting for Heterogeneities among Irish Farmers ［J］. Ecological Economics, 2013, 88（04）: 11-19.

［59］姚瑞卿, 姜太碧. 农户行为与"邻里效应"的影响机制［J］. 农村经济, 2015（04）: 40-44.

[60] 费红梅，刘文明，姜会明．保护性耕作技术采纳意愿及群体差异性分析［J］．农村经济，2019（04）：122-129．

[61] 李明月，罗小锋，余威震，黄炎忠．代际效应与邻里效应对农户采纳绿色生产技术的影响分析［J］．中国农业大学学报，2020，25（01）：206-215．

[62] 廖俊，漆雁斌．合作社引导、邻里示范与农户安全生产行为［J］．江苏农业科学，2017，45（19）：316-321．

[63] 张红丽，李洁艳，滕慧奇．小农户认知、外部环境与绿色农业技术采纳行为——以有机肥为例［J］．干旱区资源与环境，2020，34（06）：8-13．

[64] 王晓君，石敏俊，王磊．干旱缺水地区缓解水危机的途径：水资源需求管理的政策效应［J］．自然资源学报，2013，28（07）：1117-1129．

[65] 刘莹，黄季焜，王金霞．水价政策对灌溉用水及种植收入的影响［J］．经济学（季刊），2015，14（04）：1375-1392．

[66] Zhang H H, Brown D F. Understanding Urban Residential Water Use in Beijing and Tianjin, China［J］. Habitat International, 2005, 29（03）：469-491．

[67] 唐要家，李增喜．居民递增型阶梯水价政策有效性研究［J］．产经评论，2015，6（01）：103-113．

[68] 林丽梅，郑逸芳，苏时鹏．城市水价改革的多重目标及其深化路径分析［J］．价格理论与实践，2015（03）：42-44．

[69] Caswell M F, Zilberman D. The Choices of Irrigation Technologys in California［J］. American Journal of Agricultural Economics, 1985（05）：223-234．

[70] 王金霞，黄季焜，Scott Rozelle. 激励机制、农民参与和节水效应：黄河流域灌区水管理制度改革的实证研究［J］．中国软科学，2004（11）：8-14．

[71] 于法稳，屈忠义，冯兆忠．灌溉水价对农户行为的影响分析——以内蒙古河套灌区为例［J］．中国农村观察，2005（01）：40-44+79．

[72] Green G, Sunding D, Zilberman D. Explaining Irrigation Technology Choices：A Microparameter Approach［J］. American Journal of Agricultural Economics, 1996（11）：1064-1072．

[73] 徐立峰，金卫东，陈珂．养殖规模、外部约束与生猪养殖者亲环境行为采纳研究［J］．干旱区资源与环境，2021，35（04）：46-53．

[74] Coent P L, Preget R, Thoyer S. Farmers follow the Herd：A Theoretical Model on Social Norms and Payments for Environmental Services［J］. Post-Print,

2021 （78）：287-306.

[75] Pitt M M, Sumodiningrat G. Risk, Schooling and the Choice of Seed Technology in Developing Countries: A Meta-profit Function Approach [J]. International Economic Review, 1991, 32 （02）：457-473.

[76] 黄大勇, 谭银清. 民族地区农民对先进农业技术的采纳意愿及其影响因素研究 [J]. 云南民族大学学报（哲学社会科学版）, 2020, 37 （03）:60-67.

[77] 李福夺, 任静, 尹昌斌. 资本禀赋、价值认知与农户绿肥养地采纳行为——基于南方稻区农户调查数据及生态补偿政策的调节效应 [J]. 农林经济管理学报, 2020, 19 （04）：464-475.

[78] 李晓静, 陈哲, 刘斐, 夏显力. 参与电商会促进猕猴桃种植户绿色生产技术采纳吗？——基于倾向得分匹配的反事实估计 [J]. 中国农村经济, 2020 （03）：118-135.

[79] Tong Y, Fan L, Niu H. Water Conservation Awareness and Practices in Households Receiving Improved Water Supply: A Gender-based Analysis [J]. Journal of Cleaner Production, 2017, 141 （10）：947-955.

[80] Darbandsari P, Kerachian R, Malakpour-Estalaki S. An Agent-based Behavioral Simulation Model for Residential Water Demand Management: A Case-Study of the Tehran City [J]. Simulation Modelling Practice and Theory, 2017 （78）：51-72.

[81] Pisano I, Mark L. Environmental Behavior in Cross-National Perspective:A Multilevel Analysis of 30Countries [J]. Environment and Behavior, 2017, 49 （01）：31-58.

[82] Clark W A, Finley J C. Determinants of Water Conservation Intention in Blagoevgrad, Bulgaria [J]. Society & Natural Resources, 2007, 20 （07）：613-627.

[83] Shaufique F S, Frank L, Satish V J. The Effects of Behavior and Attitudes Ondrop-off Recycling Activities Resources [J]. Conservation and Recycling, 2010 （54）：163-170.

[84] Dolnicar S, Hurlimann A C, Bettina G. Water Conservation Behavior in Australia [J]. Journal of Environmental Management, 2012, 105 （14）：44-52.

[85] Han Q, Nieuwenhijsen I, Vries B B, Blokhuis E, Schaefer W. Intervention Strategy Tostimulate Energy-saving Behavior of Local Residents [J]. Energy Poli-

cy, 2013 (52): 706-715.

[86] Thangata P H, Alavalapati J R R. Agro Forestry Adoption in Southern Malawi: The Case of Mixed Intercropping of Gliricidia Sepium and Maize [J]. Agricultural Systems, 2003 (78): 57-71.

[87] 杨雪涛, 曹建民, 丁晓东. 农户禀赋、经营规模对秸秆资源化利用的影响——基于吉林省公主岭市的微观数据 [J]. 中国农机化学报, 2020, 41 (04): 175-180+236.

[88] 张童朝, 颜廷武, 仇童伟. 年龄对农民跨期绿色农业技术采纳的影响 [J]. 资源科学, 2020, 42 (06): 1123-1134.

[89] Meyinsse M, Patricia E, Hui J G, et al. An Empirical Analysisi of Louisiana Small Farmers' Involvement in the CRP [J]. Journal Agricultural and Applied Economics, 1994, 26 (12): 379-385.

[90] 张星, 颜廷武. 劳动力转移背景下农业技术服务对农户秸秆还田行为的影响分析——以湖北省为例 [J]. 中国农业大学学报, 2021, 26 (01): 196-207.

[91] Casalo L V, Escario J J. Heterogeneity in the Association between Environmental Attitudes and Pro-Environmental Behavior: A Multilevel Regression Approach [J]. Journal of Cleaner Production, 2018 (175): 155-163.

[92] Stern P C, Dietz T, Kalof L. Value Orientations, Gender, and Environmental Concern [J]. Environment & Behavior, 2016, 25 (05): 322-348.

[93] Dietz T, Linda K, Paul C S. Gender, Values, and Environmentalism [J]. Social Science Quarterly, 2002, 83 (01): 353-364.

[94] Milfont T L, Chris G S. Empathic and Social Dominance Orientations Help Explain Gender Differences in Environmentalism: A One-year Bayesian Mediation Analysis [J]. Personality and Individual Differences, 2016 (90): 85-88.

[95] Bonabana W J. Assessing Factors Affecting Adoption of Agricultural Technologies: The Case of Integrated Pest Management (IPM) in Kumi District, Eastern Uganda [J]. Virginia Polytechnic Institute and State University, 2002 (11): 1-135.

[96] Doss C R, Morris M. How Does Gender Affect the Adoption of Agricultural Innovations? The Case of Improved Maize Technology in Ghana [J]. Agricultural economy, 2001, 25 (01): 27-39.

[97] 张益, 孙小龙, 韩一军. 社会网络、节水意识对小麦生产节水技术采用的影响——基于冀鲁豫的农户调查数据 [J]. 农业技术经济, 2019 (11): 127-136.

[98] Hunter L M, Alison H, Aaron J. Cross-National Gender Variation in Environmental Behaviors [J]. Social Science Quarterly, 2004, 85 (03): 677-694.

[99] 杜平, 张林虓. 性别化的亲环境行为——性别平等意识与环境问题感知的中介效应分析 [J]. 社会学评论, 2020, 8 (02): 47-60.

[100] 赵卫华. 居民家庭用水量影响因素的实证分析——基于北京市居民用水行为的调查数据考察 [J]. 干旱区资源与环境, 2015, 29 (04): 137-142.

[101] 朱清海, 雷云. 社会资本对农户秸秆处置亲环境行为的影响研究——基于湖北省 L 县农户的调查数据 [J]. 干旱区资源与环境, 2018, 32 (11): 15-21.

[102] 黄蕊, 李桦, 杨扬, 于艳丽. 环境认知、榜样效应对半干旱区居民亲环境行为影响研究 [J]. 干旱区资源与环境, 2018, 32 (12): 1-6.

[103] Bradford M, Joachim S. Residential Energy-efficient Technology Adoption, Energyconservation, Knowledge, and Attitudes: An Analysis of European Countries [J]. Energy Policy, 2012 (49): 616-628.

[104] 张娇, 李世平, 郭悦楠. 基于保护动机理论的农户亲环境行为影响因素研究——以秸秆处理为例 [J]. 干旱区资源与环境, 2019, 33 (05): 8-13.

[105] 满明俊. 西北传统农区农户的技术采用行为研究 [D]. 西安: 西北大学, 2010.

[106] 侯晓康, 刘天军, 黄腾, 袁雪霈. 农户绿色农业技术采纳行为及收入效应 [J]. 西北农林科技大学学报 (社会科学版), 2019, 19 (03): 121-131.

[107] 占辉斌, 胡庆龙. 农地规模、市场激励与农户施肥行为 [J]. 农业技术经济, 2017 (11): 72-79.

[108] 黄凌翔, 郝建民, 卢静. 农村土地规模化经营的模式、困境与路径 [J]. 地域研究与开发, 2016, 35 (05): 138-142.

[109] 田云, 张俊飚, 何可, 等. 农户农业低碳生产行为及其影响因素分析: 以化肥施用和农药使用为例 [J]. 中国农村观察, 2015 (04): 61-70.

[110] 龙云, 任力. 农地流转对农业面源污染的影响: 基于农户行为视角 [J]. 经济学家, 2016 (08): 81-87.

[111] 龙云，任力. 农地流转制度对农户耕地质量保护行为的影响：基于湖南省田野调查的实证研究 [J]. 资源科学，2017，39（11）：2094-2103.

[112] 马才学，金莹，柯新利，等. 基于 STIRPAT 模型的农户农药化肥施用行为研究：以武汉市城乡结合部为例 [J]. 资源开发与市场，2018，34（01）：1-5.

[113] 曹慧，赵凯. 耕地经营规模对农户亲环境行为的影响 [J]. 资源科学，2019，41（04）：740-752.

[114] Gong Y Z，Baylis K，Kozak R，et al. Farmers' risk Preferences and Pesticide Use Decisions：Evidence from Field Experiments in China [J]. Agricultural Economics，2016，47（04）：411-421.

[115] 李昊，李世平，南灵，等. 中国农户环境友好型农药施用行为影响因素的 Meta 分析 [J]. 资源科学，2018，40（01）：74.

[116] 钱龙，冯永辉，陆华良，陈会广. 高地租必然不利于农户保护耕地质量吗？——基于广西的问卷调查 [J]. 中国农业大学学报，2020，25（12）：200-210.

[117] 黄武. 农户对有偿技术服务的需求意愿及其影响因素分析——以江苏省种植业为例 [J]. 中国农村观察，2010（02）：54-62.

[118] 张童朝，颜廷武，何可，张俊飚. 资本禀赋对农户绿色生产投资意愿的影响——以秸秆还田为例 [J]. 中国人口·资源与环境，2017，27（08）：78-89.

[119] 吴乐，邹文涛. 中部生态脆弱地区农民对新技术采用意愿研究——基于中部六省生态脆弱地区 582 位农民的调查 [J]. 生态经济，2011（05）：84-88.

[120] 张振，高鸣，苗海民. 农户测土配方施肥技术采纳差异性及其机理 [J]. 西北农林科技大学学报（社会科学版），2020，20（02）：120-128.

[121] 郅建功，颜廷武，杨国磊. 家庭禀赋视域下农户秸秆还田意愿与行为悖离研究——兼论生态认知的调节效应 [J]. 农业现代化研究，2020，41（06）：999-1010.

[122] 杨欣，董玥. 农户低碳农业技术采纳行为的影响因素研究——基于潜江市、监利县的实证分析 [J]. 国土资源科技管理，2019，36（03）：118-128.

[123] 杨飞，李爱宁，周翠萍，黄家英. 兼业程度、农业水资源短缺感知与

农户节水技术采用行为——基于陕西省农户的调查数据［J］．节水灌溉，2019（05）：113-116.

［124］周力，冯建铭，曹光乔．绿色农业技术农户采纳行为研究——以湖南、江西和江苏的农户调查为例［J］．农村经济，2020（03）：93-101.

［125］薛彩霞，黄玉祥，韩文霆．政府补贴、采用效果对农户节水灌溉技术持续采用行为的影响研究［J］．资源科学，2018，40（07）：1418-1428.

［126］郑纪刚，张日新．认知冲突、政策工具与秸秆还田技术采用决策——基于山东省892个农户样本的分析［J］．干旱区资源与环境，2021，35（01）：65-69.

［127］曹明德，黄东东．论土地资源生态补偿［J］．法制与社会发展，2007（03）：96-105.

［128］崔蜜蜜，何可，颜廷武．农民参与环境治理的意愿选择及其影响因素［J］．调研世界，2015（12）：29-32.

［129］王亚杰，陈洪昭．农户化肥施用行为的影响因素研究——以福建省为例［J］．青岛农业大学学报（社会科学版），2018，30（04）：34-38+49.

［130］颜廷武，张童朝，何可，张俊飚．作物秸秆还田利用的农民决策行为研究——基于皖鲁等七省的调查［J］．农业经济问题，2017，38（04）：39-48+110-111.

［131］Abrahamse W, Linda S, Charles V, Talib Rothengatter. A Review of Intervention Studies Aimed at Household Energy Conservation［J］. Journal of Environmental Psychology, 2005, 25（03）：273-291.

［132］Karine N, Richard B H, Kjell A B. Green Consumers and Public Policy：On Socially Contingent Moral Motivation［J］. Resource and Energy Economics, 2006, 28（04）：351-366.

［133］胡继连，王秀鹃．农业"节水成本定价"假说与水价改革政策建议［J］．农业经济问题，2018（01）：120-126.

［134］董小菁，纪月清，钟甫宁．农业水价政策对农户种植结构的影响——以新疆地区为例［J］．中国农村观察，2020（03）：130-144.

［135］Kishioka T, et al. Fostering Cooperation between Farmers and Public and Private Actors to Expand Environmentally Friendly Rice Cultivation：Intermediary Functions and Farmers' Perspectives［J］. International Journal of Agricultural Sustainability, 2017, 15 (05): 594-612.

[136] Egmond C, Jonkers R, Kok G. A Strategy to Encourage Housing Associations to Invest in Energy Conservation [J]. Energy Policy, 2005, 33 (18): 2374-2384.

[137] 牛亚丽. 农超对接视角下农户农产品质量安全控制行为及其影响因素分析——基于辽宁省 484 个果蔬农户的调查 [J]. 四川农业大学学报, 2014, 32 (02): 236-241.

[138] 罗峦, 周俊杰. 农户安全施药行为选择及影响因素分析——基于安仁县 600 户水稻种植户的调查 [J]. 中国农学通报, 2014, 30 (17): 145-150.

[139] 童洪志, 刘伟. 政策工具对农户秸秆还田技术采纳行为的影响效果分析 [J]. 科技管理研究, 2018, 38 (04): 46-53.

[140] 邹璠, 周力. 农户机械化秸秆还田技术采纳行为的地区差异性分析——基于苏、鲁、黑三省农户调研数据 [J]. 中国农机化学报, 2019, 40 (02): 221-227.

[141] 李成龙, 张倩, 周宏. 社会规范、经济激励与农户农药包装废弃物回收行为 [J]. 南京农业大学学报 (社会科学版), 2021, 21 (01): 133-142.

[142] Sardianou E. Estimating Energy Conservation Patterns of Greek Households [J]. Energy Policy, 2007, 35 (07): 3778-3791.

[143] 陈占锋, 陈纪瑛, 张斌, 王坤, 王兆华. 电子废弃物回收行为的影响因素分析——以北京市居民为调研对象 [J]. 生态经济, 2013 (02): 178-183.

[144] Zsoka A, Szerenyi Z M, Szechy A, et al. Greening Due to Environmental Education? Environmental Knowledge, Attitudes, Consumer Behavior and Everyday Pro-environmental Activities of Hungarian High School and University Students [J]. Journal of Cleaner Production, 2013, 48 (06): 126-138.

[145] 岳婷, 龙如银, 戈双武. 江苏省城市居民节能行为影响因素模型——基于扎根理论 [J]. 北京理工大学学报 (社会科学版), 2013, 15 (01): 34-39.

[146] Burbi S, Baines R N, Conway J S. Achieving Successful Farmer Engagement on Greenhouse Gas Emission Mitigation [J]. International Journal of Agricultural Sustainability, 2016, 14 (04): 466-483.

[147] Hu R, Cai Y, Chen K Z, et al. Effects of Inclusive Public Agricultural

Extension Service：Results from a Policy Reform Experiment in Western China ［J］. China Economic Review，2012，23（04）：962-974.

［148］罗小娟，冯淑怡，石晓平，曲福田. 太湖流域农户环境友好型技术采纳行为及其环境和经济效应评价——以测土配方施肥技术为例［J］. 自然资源学报，2013，28（11）：1891-1902.

［149］文长存，吴敬学. 农户"两型农业"技术采用行为的影响因素分析——基于辽宁省玉米水稻种植户的调查数据［J］. 中国农业大学学报，2016，21（09）：179-187.

［150］佟大建，黄武，应瑞瑶. 基层公共农技推广对农户技术采纳的影响——以水稻科技示范为例［J］. 中国农村观察，2018（04）：59-73.

［151］Mcnamara K T，Douce M E W K. Factors Affecting Peanut Producer Adoption of Integrated Pest Management ［J］. Review of Agricultural Economics，1991，13（01）：129-139.

［152］张利国. 农户从事环境友好型农业生产行为研究——基于江西省278份农户问卷调查的实证分析［J］. 农业技术经济，2011（06）：114-120.

［153］杨兴杰，齐振宏，陈雪婷，杨彩艳. 政府培训、技术认知与农户生态农业技术采纳行为——以稻虾共养技术为例［J］. 中国农业资源与区划，2021，42（05）：198-208.

［154］曾伟，潘扬彬，李腊梅. 农户采用环境友好型农药行为的影响因素研究——对山东蔬菜主产区的实证分析［J］. 中国农学通报，2016，32（23）：199-204.

［155］杨玉苹，朱立志，孙炜琳. 农业技术培训对农户化肥施用强度影响分析［J］. 农业展望，2018，14（08）：81-85.

［156］张小有，韩思，许其彬. 农业低碳技术的应用意愿与驱动因素——基于江西规模农户的调研［J］. 生态经济，2018，34（02）：54-60.

［157］高瑛，王娜，李向菲，王咏红. 农户生态友好型农田土壤管理技术采纳决策分析——以山东省为例［J］. 农业经济问题，2017，38（01）：38-47+110-111.

［158］Li P J. Exponential Growth，Animal Welfare，Environmental and Food Safety Impact：The Case of China's Livestock Production ［J］. Journal of Agricultural and Environmental Ethics，2009，22（03）：217-240.

［159］李乾，王玉斌．畜禽养殖废弃物资源化利用中政府行为选择——激励抑或惩罚［J］．农村经济，2018（09）：55-61．

［160］夏佳奇，何可，张俊飚．环境规制与村规民约对农户绿色生产意愿的影响——以规模养猪户养殖废弃物资源化利用为例［J］．中国生态农业学报（中英文），2019（12）：1925-1936．

［161］沈昱雯，罗小锋，余威震．激励与约束如何影响农户生物农药施用行为——兼论约束措施的调节作用［J］．长江流域资源与环境，2020，29（04）：1040-1050．

［162］崔宁波，姜兴睿．资本禀赋、政策工具对农户玉米秸秆还田利用意愿与行为的影响［J］．玉米科学，2020，28（03）：180-185．

［163］史海霞．我国城市居民 PM2.5 减排行为影响因素及政策干预研究［D］．安徽：中国科学技术大学，2017．

［164］刘韵非，姜文来，刘聪．妇女对农业节水影响综述［J］．中国农业资源与区划，2023（02）：1-7．

［165］沈彦俊，齐永青，罗建美，张玉翠，刘昌明．地理学视角的农业节水理论框架与水资源可持续利用［J］．地理学报，2023，78（07）：1718-1730．

［166］孙岩．居民环境行为及其影响因素研究［D］．大连：大连理工大学，2006．

［167］薛嘉欣，刘满芝，赵忠春，李宗波．亲环境行为的概念与形成机制：基于拓展的 MOA 模型［J］．心理研究，2019，12（02）：144-153．

［168］Lee Y K, Kim S, Kim M S, et al. Antecedents and Interrelationships of Three Types of Pro-environmental Behavior［J］. Journal of Business Research, 2014, 67（10）: 2097-2105.

［169］Catlin J R, Wang Y. Recycling Gone Bad: When the Option to Recycle Increases Resource Consumption［J］. Journal of Consumer Psychology, 2013, 23（01）:122-127.

［170］Ramus C A, Killmer A B C. Corporate Greening through Prosocial Extra Role Behaviors-A Conceptual Framework for Employee Motivation［J］. Business Strategy and the Environment, 2007, 16（08）: 554-570.

［171］宗阳，王广新．拟人化、自然共情与亲环境行为［J］．中国健康心理学杂志，2016，24（09）：1432-1437．

［172］Steg L，Vlek C. Encouraging Pro-environmental Behaviour：An Integrative Review and Research Agenda［J］. Journal of Environmental Psychology，2009，29（03）：309-317.

［173］Laroche C M. Pro-environmental Behaviors for Thee but Not for Me：Green Giants，Green Gods，and External Environmental Locus of Control［J］. Journal of Business Research，2014（67）：12-22.

［174］Truelove H B，Carrico A R，Weber E U，et al. Positive and Negative Spillover of Pro-environmental Behavior：An Integrative Review and Theoretical Framework［J］. Global Environmental Change，2014（29）：127-138.

［175］Schroeder T，Wolf I. Modeling Multi-level Mechanisms of Environmental Attitudes and Behaviours：The Example of Carsharing in Berlin［J］. Journal of Environmental Psychology，2016，52（10）：136-148.

［176］杨君茹，王宇. 基于计划行为理论的城镇居民家庭节能行为研究［J］. 财经论丛，2018（05）：105-112.

［177］滕玉华，张轶之，刘长进. 基于ISM的农村居民能源削减行为影响因素研究［J］. 干旱区资源与环境，2020，34（03）：27-32.

［178］Han H. Travelers' Pro-environmental Behavior in a Green Lodging Context：Converging Value-belief-norm Theory and the Theory of Planned Behavior［J］. Tourism Management，2015，47（04）：164-177.

［179］叶楠. 绿色认知与绿色情感对绿色消费行为的影响机理研究［J］. 南京工业大学学报（社会科学版），2019，18（04）：61-74+112.

［180］夏天生，施卓敏，赖连胜. 从众情景下社会排斥与亲社会消费行为的关系［J］. 管理科学，2020，33（01）：114-125.

［181］刘帅，沈兴兴，朱守银. 农业产业化经营组织制度演进下的农户绿色生产行为研究［J］. 农村经济，2020（11）：37-44.

［182］郑沃林. 土地产权稳定能促进农户绿色生产行为吗？——以广东省确权颁证与农户采纳测土配方施肥技术为例证［J］. 西部论坛，2020，30（03）：51-61.

［183］王晋玲. 农业水资源管理制度研究——评《中国农业水资源安全管理》［J］. 人民黄河，2020，42（03）：171-172.

［184］付秋华. 节水灌溉的类型及其应用效果［J］. 吉林蔬菜，2010

（02）：111-112.

［185］苏荟．新疆农业高效节水灌溉技术选择研究［D］.石河子：石河子大学，2013.

［186］王格玲．社会网络对农户节水灌溉技术采用影响研究［D］.榆林：西北农林科技大学，2016.

［187］郝泽嘉，王莹，陈远生，蒋蕾，殷春婷．节水知识、意识和行为的现状评估及系统分析——以北京市中学生为例［J］.自然资源学报，2010，25（09）：1618-1628.

［188］穆泉，张世秋，马训舟．北京市居民节水行为影响因素实证分析［J］.北京大学学报（自然科学版），2014，50（03）：587-594.

［189］Dean A J, Fielding K S, Jamalludin E, et al. Communicating about Sustainable Urban Water Management：Community and Professional Perspectives on Water-related Terminology［J］. Urban Water Journal, 2018, 15（3-4）：1-10.

［190］Jonathan S H, et al. An Exploratory Path Analysis of Attitudes, Behaviors and Summer Water Consumption in the Portland Metropolitan Area - Science Direct［J］. Sustainable Cities and Society, 2016（23）：68-77.

［191］王延荣，田康，许冉，孙宇飞，刘慧红．城镇居民水行为影响因素探索与实证分析——基于2017年北京市的调研数据［J］.生态经济，2019，35（03）：206-211.

［192］Sia A P, Hungerford H R, Tomera A N. Selected Predictors of Responsible Environmental Behavior：An Analysis［J］. The Journal of Environmental Education, 1986, 17（02）：31-40.

［193］Smith-Sebasto N J, Dcosta A. Designing a Likert-Type Scale to Predict Environmentally Responsible Behavior in Undergraduate Students：A Multistep Process［J］. Journal of Environmental Education, 1995, 27（01）：14-20.

［194］Thapa B. The Mediation Effect of Outdoor Recreation Participation on Environmental Attitude-Behavior Correspondence［J］. Journal of Environmental Education, 2010, 41（03）：133-150.

［195］彭远春．城市居民环境行为的结构制约［J］.社会学评论，2013，1（04）：29-41.

［196］Stern P C. New Environmental Theories：Toward a Coherent Theory of En-

vironmentally Significant Behavior [J]. Journal of Social Issues, 2010, 56 (03):
407-424.

[197] Diekmann A, Preisendrfer P. Green and Greenback: The Behavioral Effects of Environmental Attitudes in Low-Cost and High-Cost Situations [J]. Rationality and Society, 2003, 15 (04): 441-472.

[198] Chen H, Chen F, Huang X, et al. Are Individuals' Environmental Behavior always Consistent? -An Analysis Based on Spatial Difference [J]. Resources, Conservation and Recycling, 2017 (125): 25-36.

[199] 陈飞宇. 城市居民垃圾分类行为驱动机理及政策仿真研究 [D]. 徐州: 中国矿业大学, 2018.

[200] [俄] 恰亚诺夫. 1923. 农民经济组织 [M]. 萧正洪, 译. 北京: 中央编译出版社, 1996.

[201] [美] 舒尔茨. 改造传统农业 [M]. 梁小民, 译. 北京: 商务印书馆, 1999.

[202] Popkin S L. The Rational Peasant: The Political Economy of Rural Society in Vietnam [J]. ForeignAffairs, 1979, 41 (04): 208-209.

[203] 黄宗智. 华北的小农经济与社会变迁 [M]. 北京: 中华书局, 1986.

[204] Ajzen I. The Theory of Planned Behavior [J]. Organizational Behavior and Human Decision Processes, 1991 (50): 179-211.

[205] 芈凌云. 城市居民低碳化能源消费行为及政策引导研究 [D]. 徐州: 中国矿业大学, 2011.

[206] Abrahamse W, Steg L, Gifford R, et al. Factors Influencing Car Use for Commuting and the Intention to Reduce it: A Question of Self-interest or Morality? [J]. Transportation Research Part F: Traffic Psychology and Behaviour, 2009, 12 (04): 317-324.

[207] Chen M F, Tung P J. Developing an Extended Theory of Planned Behavior Model to Predict Consumers, Intention to Visit Green Hotels [J]. International Journal of Hospitality Management, 2014 (03): 221-230.

[208] Peters A, Gutscher H, Scholz R W. Psychological Determinants of Fuel Consumption of Purchased New Cars [J]. Transportation Research Part F: Traffic Psychology and Behavior, 2011, 14 (03): 229-239.

［209］Donald I J, Cooper S R, Conchie S M. An Extended Theory of Planned Behavior Model of the Psychological Factors Affecting Comuters' Transport Mode Use ［J］. Journal of Eviromental Psychology, 2014 （40）: 39-48.

［210］Yazdanpanah M, Forouzani M. Application of the Theory of Planned Behaviour to Predict Iranian Students' Intention to Purchase Organic Food ［J］. Journal of Cleaner Production, 2015 （107）: 342-352.

［211］Zhang Y, Wang Z, Zhou G. Determinants of Employee Electricity Saving: The Role of Social Benefits, Personal Benefits and Organizational Electricity Saving Climate ［J］. Journal of Cleaner Production, 2014 （66）: 280-287.

［212］Goh E, Ritchie B, Wang J. Non-compliance in National Parks: An Extension of the Theory of Planned Behavior Model with Pro-environmental Values ［J］. Tourism Management, 2017 （59）: 123-127.

［213］Stern P C, Dietz T, Abel T, Guagnano G A, Kalof L. A Value-belief-norm Theory of Support for Social Movements: The Case of Environmentalism ［J］. Research in Human Ecology, 1999, 6 （02）: 81-97.

［214］Hines J M, Hungerford H R, Tomera A N. Analysis and Synthesis of Research on Responsible Environmental Behavior: A Meta-analysis ［J］. Journal of Environmental Education, 1986 （18）: 1-8.

［215］Kelman H C. Compliance, Identification, and Internalization: Three Processes of Attitudechange? ［J］. Journal of Conflict Resolution, 1958, 2 （01）: 51-60.

［216］Zhou T. Understanding Online Community User Participation: A Social Influence Perspective ［J］. Internet Research, 2011, 21 （01）: 67-81.

［217］周涛, 杨文静. 基于社会影响理论的在线健康社区用户知识分享行为研究 ［J］. 信息与管理研究, 2020, 5 （06）: 12-21.

［218］Martin V Y, Weiler B, Reis A, Dimmock K, Scherrer P. Doing the Right Thing: How Social Science Can Help Foster Pro-environmental Behaviour Change in Marineprotected Areas ［J］. Marine Policy, 2017, 81 （04）: 236-246.

［219］Jennifer S. Labrecque, Wendy Wood, David T. Neal, et al. Habit Slips: When Consumers Unintentionally Resist New Products ［J］. Journal of the Academy of Marketing Science, 2017, 5 （05）: 1-15.

［220］Courbalay A, Deroche T, Prigent E, et al. Big Five Personality Traits Contribute to Prosocial Responses to Others' Pain ［J］. Personality & Individual Differences, 2015（78）：94-99.

［221］Steven, Cooke J, Jesse, et al. Environmental Studies and Environmental Science Today：Inevitable Mission Creep and Integration in Action-oriented Transdisciplinary Areas of Inquiry, Training and Practice ［J］. Journal of Environmental Studies & Sciences, 2015, 1（5）：70-78.

［222］Wood W, Rnger D. Psychology of Habits ［J］. Annual Review of Psychology, 2016, 67（1）：289-314.

［223］陈卫东, 马慧芳. 主观驱动因素与绿色消费——以西藏为例 ［J］. 西藏大学学报（社会科学版）, 2020, 35（03）：148-153+160.

［224］王林, 时勘, 赵杨. 行为执行意向的理论观点及其相关研究 ［J］. 心理科学, 2014, 37（04）：875-879.

［225］王晓楠. 阶层认同、环境价值观对垃圾分类行为的影响机制 ［J］. 北京理工大学学报（社会科学版）, 2019, 21（03）：57-66.

［226］高媛媛. 当代中国绿色消费价值观研究 ［D］. 南京：南京林业大学, 2016.

［227］Groot J D, Steg L, Farsang A, et al. Environmental Values in Hungary ［J］. Czech Sociological Review, 2012, 48（03）：421-440.

［228］Fornara F, Pattitoni P, Mura M, et al. Predicting Intention to Improve Household Energy Efficiency：The Role of Value-belief-norm Theory, Normative and Informational Influence, and Specific Attitude ［J］. Journal of Environmental Psychology, 2016, 45（04）：1-10.

［229］崔维军, 杜宁, 李宗锴, 张三峰. 气候变化认知、社会责任感与公众减排行为——基于 CGSS2010 数据的实证分析 ［J］. 软科学, 2015, 29（10）：39-43.

［230］廖冰, 张晓琴. 引入中介与调节变量的生态认知对生态行为作用机理实证研究 ［J］. 资源开发与市场, 2018, 34（04）：539-546.

［231］聂伟. 环境认知、环境责任感与城乡居民的低碳减排行为 ［J］. 科技管理研究, 2016, 36（15）：252-256.

［232］盛光华, 葛万达, 汤立. 消费者环境责任感对绿色产品购买行为的影

响——以节能家电产品为例 [J]. 统计与信息论坛, 2018, 33 (05): 114-120.

[233] 郭清卉, 李世平, 南灵. 环境素养视角下的农户亲环境行为 [J]. 资源科学, 2020, 42 (05): 856-869.

[234] Pereira L S, Oweis T, Zairi A. Irrigation Management under Water Scarcity [J]. Agricultural Water Management, 2002, 57 (03): 175-206.

[235] Varghese S K, Veettil P C, Speelman S, et al. Estimating the Causal Effect of Water Scarcity on the Groundwater Use Efficiency of Rice Farming in South India [J]. Ecological Economics, 2013 (86): 55-64.

[236] Tang J, Folmer H, Xue J, et al. Estimation of Awareness and Perception of Water Scarcity among Farmers in the Guanzhong Plain, China, by Means of a Structural Equation Model [J]. Journal of Environmental Management, 2013, 126 (01):55-62.

[237] 闫岩. 计划行为理论的产生、发展和评述 [J]. 国际新闻界, 2014, 36 (07): 113-129.

[238] 郭锦墉, 肖剑, 汪兴东. 主观规范、网络外部性与农户农产品电商采纳行为意向 [J]. 农林经济管理学报, 2019, 18 (04): 453-461.

[239] 庞洁, 靳乐山. 生态认知对长江流域渔民退捕意愿的影响研究——基于鄱阳湖区的调研数据 [J]. 长江流域资源与环境, 2021 (01): 1-12.

[240] Damalas C A. Farmers' Intention to Reduce Pesticide Use: The Role of Perceived Risk of Loss in the Model of the Planned Behavior Theory [J]. Environmental Science and Pollution Research, 2021 (05): 1.

[241] 周春晓, 严奉宪. 农民减灾公共品供给参与意愿研究——风险感知和自我效能感的多重中介作用 [J]. 西南民族大学学报 (人文社科版), 2019, 40 (08): 64-71.

[242] Keshavarz M, Karamia E. Farmers' Pro-environmental Behavior under Drought: Application of Protection Motivation Theory [J]. Journal of Arid Environments, 2016, 127 (04): 128-136.

[243] Gebrehiwot T, Veen A V D. Farmers Prone to Drought Risk: Why Some Farmers Undertake Farm-Level Risk-Reduction Measures While Others Not? [J]. Environmental Management, 2015, 55 (03): 588-602.

[244] 李献士. 政策工具对消费者环境行为作用机理研究 [D]. 北京: 北

京理工大学，2016.

［245］李宝礼，邵帅，裴延峰．住房状况、城市身份认同与迁移人口环境行为研究［J］．中国人口·资源与环境，2019，29（11）：90-99.

［246］任胜楠，蔡建峰．消费者性别角色影响绿色消费行为的实证研究［J］．管理学刊，2020（06）：61-71.

［247］李玮，王志浩，刘效广．宣传教育对城市居民垃圾分类意愿的影响机制——环境情感的中介作用及道德认同的调节作用［J］．干旱区资源与环境，2021，35（03）：21-28.

［248］Weigert A J. Self, Interaction, and Natural Environment［J］. Journal of Contemporary Sociology, 1998, 27（02）：178.

［249］Stets J E, Burke P J. Identity Theory and Social Identity Theory［J］. Journal of Social Psychology Quarterly, 2000, 63（03）：224-237.

［250］Werff E V D, Steg L, Keizer K. I Am What I Am, by Looking Past the Present：The Influence of Biospheric Values and Past Behavior on Environmental Self-Identity［J］. Environment & Behavior, 2014, 46（05）：626-657.

［251］滕玉华，刘长进，陈燕，赖良玉．基于结构方程模型的农户清洁能源应用行为决策研究［J］．中国人口·资源与环境，2017，27（09）：186-195.

［252］徐涛．节水灌溉技术补贴政策研究：全成本收益与农户偏好［D］．榆林：西北农林科技大学，2018.

［253］蔡威熙，周玉玺，胡继连．农业水价改革的利益相容政策研究——基于山东省的案例分析［J］．农业经济问题，2020（10）：32-39.

［254］常跟应，孟刘义，王俊沾，王鹭．我国内陆河流域农民对强制性农业节水政策的态度及其影响因素［J］．干旱区资源与环境，2017，31（09）：38-42.

［255］余福茂．情境因素对城市居民废旧家电回收行为的影响［J］．生态经济，2012（02）：137-141+177.

［256］潘丹，孔凡斌．基于扎根理论的畜禽养殖废弃物循环利用分析：农户行为与政策干预路径［J］．江西财经大学学报，2018（03）：95-104.

［257］Huang H. Media Use, Environmental Beliefs, Self-efficacy, and Pro-environmental Behavior［J］. Journal of Business Research, 2016, 69（06）：2206-2212.

［258］Cialdini R B, Trost M R. Social influence：Social Norms, Conformity and

Compliance［J］. McGraw-Hill, 1998（2）: 151-192.

［259］Rohollah R. Drivers of Farmers' Intention to Use Integrated Pest Manage-ment: Integrating Theory of Planned Behavior and Norm Activation Model［J］. Journal of Environmental Management, 2019（236）: 328-339.

［260］葛万达, 盛光华. 社会规范对绿色消费的影响及作用机制［J］. 商业研究, 2020（01）: 26-34.

［261］史雨星, 李超琼, 赵敏娟. 非市场价值认知、社会资本对农户耕地保护合作意愿的影响［J］. 中国人口・资源与环境, 2019, 29（04）: 94-103.

［262］王笳旭, 李朝柱. 农村人口老龄化与农业生产的效应机制［J］. 华南农业大学学报（社会科学版）, 2020, 19（02）: 60-73.

［263］马椿荣. 生态消费行为的性别差异研究——自我决定理论的视角［J］. 消费经济, 2015（03）: 56-60.

［264］彭迪云, 马诗怡, 白锐. 城镇居民低碳消费行为影响因素的实证分析——以南昌市为例［J］. 生态经济, 2014, 30（12）: 119-122.

［265］张玲玲, 丁雪丽, 沈莹, 王宗志, 王小红. 中国农业用水效率空间异质性及其影响因素分析［J］. 长江流域资源与环境, 2019, 28（04）: 817-828.

［266］赵俊伟, 姜昊, 陈永福, 尹昌斌. 生猪规模养殖粪污治理行为影响因素分析——基于意愿转化行为视角［J］. 自然资源学报, 2019, 34（08）: 1708-1719.

［267］Heath Y, Gifford R. Extending the Theory of Planned Behavior: Predic-ting the Use of Public Transportation1［J］. Journal of Applied Social Psychology, 2002, 32（10）: 2154-2189.

［268］王凯, 李志苗, 肖燕. 城市依托型山岳景区游客亲环境行为——以岳麓山为例［J］. 热带地理, 2016, 36（02）: 237-244.

［269］朱建荣, 周严严, 张媛, 刘飞. 环境价值观与生态消费行为的关系研究——以消费者感知效力为调节［J］. 商业经济研究, 2019（03）: 39-42.

［270］王世进, 周慧颖. 生态环境价值观影响生态消费行为——基于中介变量的实证检验［J］. 软科学, 2019, 33（10）: 50-57.

［271］Hopper J R, Nielsen M C. Recycling as Altruistic Behavior［J］. Environ-ment & Behavior, 1991, 23（02）: 195-220.

［272］曲英. 城市居民生活垃圾源头分类行为的理论模型构建研究［J］. 生

态经济，2009（12）：135-141.

［273］Handgraaf M J J, Van D E, Vermunt R C, et al. Less Power or Power-less? Egocentric Empathy Gaps and the Irony of Having Little Versus no Power in Social Decision Making ［J］. Journal of Personality and Social Psychology, 2008, 95（05）：1136-1149.

［274］Nguyen T N, Lobo A, Greenland S. Pro-environmental Purchase Behaviour: The Role of Consumers'Biospheric Values ［J］. Journal of Retailing & Consumer Services, 2016, 33（11）：98-108.

［275］贺爱忠，刘梦琳. 生态价值观对可持续消费行为的链式中介影响 ［J］. 西安交通大学学报（社会科学版），2021，41（01）：61-68.

［276］Tost P L. When, Why, and How Do Powerholders "Feel the Power"? Examining the Links between Structural and Psychological Power and Reviving the Connection between Power and Responsibility ［J］. Research in Organizational Behavior, 2015（35）：29-56.

［277］滕玉华，张轶之，高雪萍. 农村居民应用和推广清洁能源意愿影响因素研究——采用江西省 695 份样本数据的经验分析 ［J］. 西部论坛，2018，28（03）：17-24.

［278］Hines J M, Hungerford H R, Tomera A N. Analysis and Synthesis of Research on Responsible Environmental Behavior: A Meta-analysis ［J］. Journal of Environmental Education, 1986（18）：1-8.

［279］Attaran, Sharmin, Celik, et al. Students' Environmental Responsibility and Their Willingness to Pay for Green Buildings ［J］. International Journal of Sustainability in Higher Education, 2015（4）：1-15

［280］Ding Z H, Wang G Q, Liu Z H, et al. Research on Differences in the Factors Influencing the Energy-saving Behavior of Urban and Rural Residents in China: A Case Study of Jiangsu Province ［J］. The Journal of Environmental Education, 1987, 18（02）：1-8.

［281］Shah T, Roy A D, Qureshi A S, et al. Sustaining Asia's Groundwater Boom: An Overview of Issues and Evidence ［J］. Natural Resources Forum, 2003, 27（02）：130-141.

［282］吴波，李东进，谢宗晓. 消费者绿色产品偏好的影响因素研究 ［J］.

软科学，2014，28（12）：89-94.

［283］张鼎昆，方俐洛，凌文辁. 自我效能感的理论及研究现状［J］. 心理科学进展，1999，17（01）：39-43.

［284］Straughan R D，Roberts J A. Environmental Segmentation Alternatives：A Look at Green Consumer Behavior in the New Millennium［J］. Journal of Consumer Marketing，1999，16（06）：558-575.

［285］Berger I E，Corbin R M. Perceived Consumer Effectiveness and Faith in others as Moderators of Environmentally Responsible Behaviors［J］. Journal of Public Policy & Marketing，1992，11（02）：79-89.

［286］Tama R A Z，Ying L，Yu M，et al. Assessing Farmers' Intention towards Conservation Agriculture by Using the Extended Theory of Planned Behavior［J］. Journal of Environmental Management，2020（11）：1-10.

［287］周业安，王一子. 社会认同、偏好和经济行为——基于行为和实验经济学研究成果的讨论［J］. 南方经济，2016（10）：95-105.

［288］曾粤兴，魏思婧. 构建公众参与环境治理的"赋权—认同—合作"机制——基于计划行为理论的研究［J］. 福建论坛（人文社会科学版），2017（10）：169-176.

［289］余威震，罗小锋，唐林，黄炎忠. 农户绿色生产技术采纳行为决策：政策激励还是价值认同？［J］. 生态与农村环境学报，2020，36（03）：318-324.

［290］张蓓，高惠姗，吴宝姝，文晓巍. 价值认同、社会信念、能力认知与果蔬农户质量安全控制行为［J］. 统计与信息论坛，2019，34（03）：110-118.

［291］林兵，刘立波. 环境身份：国外环境社会学研究的新视角［J］. 吉林师范大学学报（人文社会科学版），2014，42（05）：77-82.

［292］章刚勇，阮陆宁. 基于 Monte Carlo 随机模拟的几种正态性检验方法的比较［J］. 统计与决策，2011（07）：17-20.

［293］Mardia K V，Foster K J. Omnibus Test of Multinormality Based on Skewness and Kurtosis［J］. Communication in Statistics-Theory and Methods，1983，12（02）：207-221.

［294］王昕，田静晶. 基于水资源稀缺性视角的农村居民地下水开发利用行为研究综述［J］. 天津农业科学，2017，23（12）：105-108.

［295］Bandura A，Locke E A. Negative Self-efficacy and Goal Effects Revisited ［J］. Journal of Applied Psychology，2003，88（01）：87.

［296］Rezaei R，Ghofranfarid M. Rural Households' Renewable Energy Usage Intention in Iran：Extending the Unified Theory of Acceptance and Use of Technology ［J］. Renewable Energy，2018（122）：382-391.

［297］宾幕容，文孔亮，周发明. 湖区农户畜禽养殖废弃物资源化利用意愿和行为分析——以洞庭湖生态经济区为例［J］. 经济地理，2017，37（09）：185-191.

［298］Gao Y，Wang X Z. Research on Assessment and Prediction of Flight Safety Situation Based on SPA – Markov ［J］. Journal of Science and Technology，2016（03）：29-32.

［299］杨梓鑫，薛源，徐浩军，王国智. 基于 RBF 神经网络与 Markov 组合的飞行风险预测研究［J］. 系统工程理论与实践，2019，39（08）：2162-2169.

［300］Moody J，Darken C. Fast Learning in Networks of Locally-tuned Processing Units ［J］. Neural Computation Research，2006，173（03）：801-814.

［301］李瑞，张悟移. 基于 RBF 神经网络的物流业能源需求预测［J］. 资源科学，2016，38（03）：450-460.

［302］李敏杰，王健. 基于 RBF 神经网络的水产品冷链物流需求预测研究［J］. 中国农业资源与区划，2020，41（06）：100-109.

［303］许冉. 城镇居民节水行为影响机理研究［D］. 郑州：华北水利水电大学，2020.

［304］刘昂. 乡村治理制度的伦理思考——基于江苏省徐州市 JN 村的田野调查［J］. 中国农村观察，2018（03）：65-74.

［305］石凯含，尚杰，杨果. 农户视角下的面源污染防治政策梳理及完善策略［J］. 农业经济问题，2020（03）：136-142.

［306］乔金杰，穆月英，赵旭强. 基于联立方程的保护性耕作技术补贴作用效果分析［J］. 经济问题，2014（05）：86-91.

［307］陈柏峰. 熟人社会：村庄秩序机制的理想型探究［J］. 社会，2011，31（01）：223-241.

［308］韩洪云，喻永红. 退耕还林生态补偿研究——成本基础、接受意愿抑或生态价值标准［J］. 农业经济问题，2014，35（04）：64-72+112.

［309］唐林，罗小锋，张俊飚．社会监督、群体认同与农户生活垃圾集中处理行为——基于面子观念的中介和调节作用［J］．中国农村观察，2019（02）：18-33．

［310］刘承毅，王建明．声誉激励、社会监督与质量规制——城市垃圾处理行业中的博弈分析［J］．产经评论，2014，5（02）：93-106．

［311］孙前路，房可欣，刘天平．社会规范、社会监督对农村人居环境整治参与意愿与行为的影响——基于广义连续比模型的实证分析［J］．资源科学，2020，42（12）：2354-2369．

［312］Tsur Y. Economic Aspects of Irrigation Water Pricing ［J］. Canadian Water Resources Journal, 2005, 30（01）：31-46.

［313］Ohab-Yazdi S A, Ahmadi A. Design and Evaluation of Irrigation Water Pricing Policies for Enhanced Water Use Efficiency ［J］. Journal of Water Resources Planning & Management, 2016, 142（03）：1-10.

［314］谭倩，王淑萍，张田媛．基于实证数学规划模型的农业水价政策效应模拟［J］．农业工程学报，2019，35（16）：161-171．

［315］Mamitimin Y, Feike T, Seifert I, et al. Irrigation in the Tarim Basin, China：Farmers' Response to Changes in Water Pricing Practices ［J］. Environmental Earth Sciences, 2015, 73（02）：559-569.

［316］Grazhdani D. Assessing the Variables Affecting on the Rate of Solid Waste Generation and Recycling：An Empirical Analysis in Prespa Park ［J］. Waste Management, 2016, 48（02）：3-13.

［317］孟小燕．基于结构方程的居民生活垃圾分类行为研究［J］．资源科学，2019，41（06）：1111-1119．

［318］徐林，凌卯亮．居民垃圾分类行为干预政策的溢出效应分析——一个田野准实验研究［J］．浙江社会科学，2019（11）：65-75+157-158．

［319］赵秋倩，夏显力．社会规范何以影响农户农药减量化施用——基于道德责任感中介效应与社会经济地位差异的调节效应分析［J］．农业技术经济，2020（10）：61-73．

［320］Asghar B, Abolmohammad B, Mohammad S A, Christos A D. Modeling Farmers' Intention to Use Pesticides：An Expanded Version of the Theory of Planned Behavior ［J］. Journal of Environmental Management, 2019（248）：1-9.

［321］黄祖辉，钟颖琦，王晓莉．不同政策对农户农药施用行为的影响［J］．中国人口·资源与环境，2016，26（08）：148-155.

［322］Bentham J. An Introduction to the Principles of Morals and Legislation［M］．Harrison, W., Ed.; Basil Blackwell: Oxford, UK, 1789.

［323］王建明．公众低碳消费行为影响机制和干预路径整合模型［M］．北京：中国社会科学出版社，2012.

［324］王太祥，杨红红．社会规范、生态认知与农户地膜回收意愿关系的实证研究——以环境规制为调节变量［J］．干旱区资源与环境，2021，35（03）：14-20.

［325］方杰，温忠麟，梁东梅，李霓霓．基于多元回归的调节效应分析［J］．心理科学，2015，38（03）：715-720.

［326］Hoffman M, Lubell M, Hillis V. Linking Knowledge and Action through Mental Models of Sustainable Agriculture［J］．Proceedings of the National Academy of Sciences, 2014, 111（36）：16-21.

［327］黄炎忠，罗小锋，李容容，张俊飚．农户认知、外部环境与绿色农业生产意愿——基于湖北省 632 个农户调研数据［J］．长江流域资源与环境，2018，27（03）：680-687.

［328］李福夺，尹昌斌．农户绿肥种植意愿与行为悖离发生机制研究——基于湘、赣、桂、皖、豫五省（区）854 农户的调查［J］．当代经济管理，2021（01）：1-16.

［329］吕晓，臧涛，张全景．农户规模经营意愿与行为的影响机制及差异——基于山东省 3 县 379 份农户调查问卷的实证［J］．自然资源学报，2020，35（05）：1147-1159.

［330］龚继红，何存毅，曾凡益．农民绿色生产行为的实现机制——基于农民绿色生产意识与行为差异的视角［J］．华中农业大学学报（社会科学版），2019（01）：68-76+165-166.

［331］Aiken L S, West S G. Multiple Regression: Testing and Interpreting Interactions［M］．Sage: Newbury Park, CA, 1991.

［332］周建华，杨海余，贺正楚．资源节约型与环境友好型技术的农户采纳限定因素分析［J］．中国农村观察，2012（02）：37-43.

［333］Omotilewa O J, Ricker-Gilbert J, Ainembabazi J H. Subsidies for Agricultural Technology Adoption: Evidence from a Randomized Experiment with Improved Grain Storage Bags in Uganda [J]. American Journal of Agricultural Economics, 2019, 101 (03): 753-772.

[334] Julia S, Matthies E. Monetary or Environmental Appeals for Saving Electricity-Potentials for Spillover on Low Carbon Policy Acceptability [J]. Energy Policy, 2016, 93 (03): 335-344.

[335] 郑毅, 杨韬. 基于 agent 建模与仿真的管理决策模拟研究 [J]. 现代管理科学, 2011 (11): 106-108.

[336] 蔡晶晶. 资源环境经济学中的基于主体建模方法最新进展 [J]. 环境经济研究, 2016, 1 (01): 119-131.

[337] Gigerenzer G. Fast and Frugal Heuristics: The Tools of Bounded Rationality [J]. Blackwell Handbook of Judgment and Decision Making, 2004 (01): 62-88.

[338] 岳婷. 城市居民节能行为影响因素及引导政策研究 [D]. 徐州: 中国矿业大学, 2014.

附录 农户农业节水行为调查问卷

尊敬的老乡：

您好！

我是内蒙古农业大学经济管理学院学生，我们正在进行一项关于农业节水行为的调查研究。本次调研主要想了解大家农业灌溉用水情况。非常感谢您抽出宝贵时间参与我们的活动。本问卷中的问题答案无对错之分，请按照您的实际情况或想法回答。在访谈过程中若您存在任何疑问均可咨询我们的调查员。您的相关信息及所填写的所有资料仅供学术研究使用，我们将会为您严格保密，绝不外泄。再次感谢您的配合！

注：①本问卷只能访问家庭中存在种植业且受访户为家里户主或主要决策者，否则问卷无效；②填空题请填入反映受访者真实情况的答案；③所有"其他"项，请在问卷空白处给予尽可能详细的说明。

问卷编码：

受访者姓名：_____   联系电话：

受访者地址：_____县（旗）_____镇（苏木）_____村（嘎查）

调查员姓名：_____   联系电话：

调查时间：_____年_____月_____日

受访者个人基本信息		
1	是否为户主	（1）是　　（2）否
2	性别	（1）男　　（2）女
3	出生年份	
4	实际受教育年限	（年）

5	民族	
6	是否担任过村干部	（1）是　　（2）否
7	一年在村居住时间	（月）
8	职业	（1）学生；（2）在家务农；（3）打工；（4）稳定的企事业单位员工；（5）兼业；（6）个体经营；（7）其他（请注明）
9	婚姻状况	（1）未婚；（2）已婚；（3）离婚；（4）丧偶

受访者家庭基本信息

10	您家常住人口规模	（人）
11	您家劳动力人数	（人）
12	您家今年收入状况	（元）
13	您家土地情况	自有_____亩；租赁_____亩；出租_____亩
14	您家所种植的耕地共有几块	（块）
15	您所在村农业灌溉用水收费政策：	a. 定额管理，超额高费用；b. 没有定额，费用都一样；c. 其他
16	您所在村农业灌溉用水收费形式	a. 水费；b. 电费
17	您所在村农业灌溉用水收费标准	a. 按亩计费___元/亩；b. 按度（字）计费___元/度（字）
18	您家是否在农作物生产期采用滴灌、喷灌及土壤保水剂等节水技术	a. 未采；b. 采用
19	若未采用过农业节水技术，则原因是	a. 技术太复杂，学不会；b. 第一次投资太大，自无法投资建设；c. 地块不适用；d. 后期投资、维护成本高；e. 其他
20	若采用过某一种或几种技术，那么是通过何种方式知道该技术的	a. 亲戚/朋友/邻居；b. 农技推广人员；c. 村干部；c. 报刊书籍；c. 电视；d. 手机（短信、电话、上网）；e. 其他

请依照您日常灌溉行为特征，针对下列叙述选取适当的选项

	农业节水行为描述	从未如此	几乎很少如此	偶尔如此	大多数时候如此	经常如此
21	您在灌溉过程中会永久监控	1	2	3	4	5
22	您会根据农作物的需水性调整浇水量	1	2	3	4	5
23	您会经常查看并修复磨损的灌溉渠道，确保灌溉渠道不漏水	1	2	3	4	5
24	您会通过覆盖地膜保水节水	1	2	3	4	5
25	您会选种抗旱农作物以减少灌溉次数或灌溉用水量	1	2	3	4	5
26	您会选择使用滴灌、喷灌等农业节水技术以提高产量或实现节水	1	2	3	4	5

续表

27	您会通过深耕松土的方式节约灌溉用水	1	2	3	4	5
28	在田地里发现浪费水的现象会主动阻止或汇报给村干部	1	2	3	4	5
29	主动劝说家人、亲戚、朋友节约农业用水或分享节水经验	1	2	3	4	5
30	关注关于农业节水的宣传教育活动	1	2	3	4	5
31	您会为不影响他人或后代用水而节约农业用水	1	2	3	4	5
32	您会因出于责任和义务的考虑节约农业节水	1	2	3	4	5
33	您会出于促进水资源保护的目的节约用水	1	2	3	4	5
农业节水意愿描述		非常不愿意	比较不愿意	一般	比较愿意	非常愿意
34	我愿意参与农业节水活动	1	2	3	4	5
35	我计划参与农业节水活动	1	2	3	4	5
36	我会努力参与农业节水活动	1	2	3	4	5
心理因素描述		非常不同意	比较不同意	一般	比较同意	非常同意
37	农业节水比增产更重要	1	2	3	4	5
38	黄河流域中上游用水不节制,会造成下游用水紧缺	1	2	3	4	5
39	节约农田灌溉用水有利于保护水资源生态环境平衡	1	2	3	4	5
40	节约水资源是政府的责任,与您无关	1	2	3	4	5
41	您会因为没有节约用水造成水资源浪费而感到愧疚	1	2	3	4	5
42	有责任节约农田灌溉用水以缓解当前水资源短缺压力	1	2	3	4	5
43	村里农业灌溉水费比较贵	1	2	3	4	5
44	村周围的地下水水位一年比一年深	1	2	3	4	5
45	存在灌溉不及时或灌溉不足的情况	1	2	3	4	5
46	村子里的水资源是比较短缺的	1	2	3	4	5
47	亲戚朋友对您的农业节水行为决策影响较大	1	2	3	4	5

48	同村种植大户对您的农业节水行为决策影响较大	1	2	3	4	5
49	村干部对您的农业节水行为决策影响与帮助很大	1	2	3	4	5
50	我有时间和精力做到灌溉过程中不浪费水	1	2	3	4	5
51	我觉得节约农田用水对我来说并不难	1	2	3	4	5
52	我有条件学会一些农业节水知识和技术	1	2	3	4	5
53	积极参与农业节水活动对保护水资源作用很大	1	2	3	4	5
54	通过号召农业节水行动来减少灌溉浪费水是一个好主意	1	2	3	4	5
55	参与农业节水行为是令人愉快的事情	1	2	3	4	5
56	参与农业节水活动对提高用水效率是有帮助的	1	2	3	4	5
57	我是一个节约农业用水的人	1	2	3	4	5
58	我是一个关心水资源环境的人	1	2	3	4	5
59	我是一个致力于节约用水的人	1	2	3	4	5
60	作为水资源环境保护者，我很自豪	1	2	3	4	5
外部情境因素描述		非常不同意	比较不同意	一般	比较同意	非常同意
61	如果能够获得一些补贴，我愿意采用农业节水技术或参与农业节水活动	1	2	3	4	5
62	在给定用水量的情况下，节省的农业用水量可以卖出，您更愿意参与农业节水活动	1	2	3	4	5
63	如果对农业节水行为给予良好的荣誉或良好的榜样家庭称号，对促进农业节水行为效率会更高	1	2	3	4	5
64	村委会的强制性规定、监督使我参与农业节水行动	1	2	3	4	5
65	政府出台相关水资源保护政策会提升我农业节水意识和行为	1	2	3	4	5
66	增收超额水费使我参与农业节水行动	1	2	3	4	5

续表

67	政府对水资源保护的宣传能够使我更加关注农业用水问题	1	2	3	4	5
68	知道如何进行农业节水，对我是否采取节水行为很重要	1	2	3	4	5
69	政府提供高效农业节水技术培训可提高技术的使用率	1	2	3	4	5
70	大多数村民赞成农业节水行动有利于保护水资源环境	1	2	3	4	5
71	村里有很多人参与农业节水行为	1	2	3	4	5
72	多数人都会自觉遵守村里约定俗成的规范	1	2	3	4	5